LES MÉTIERS DE L'INDUSTRIE AÉRONAUTIQUE ET SPATIALE

SOMMAIRE

Décryptage

REPORTAGE

Pour mieux vous repérer, consultez le mode d'emploi p. 4.

MÉTIERS

ÉTUDES

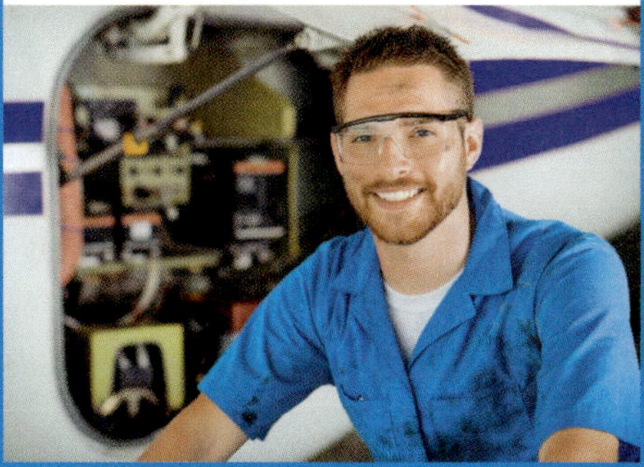

EMPLOI

GUIDE PRATIQUE

MODE D'EMPLOI

Pour vous aider à naviguer dans ce « Parcours ».

MÉTIERS

16 pros racontent leur métier.

Pour aller plus loin, des rubriques :
- *Quel salaire ?*
- *Ça recrute ?*
- *Quels débuts ?*
- *Quelles études ?*

Info salaire p. 140

MÉTIERS CONCEVOIR

INGÉNIEURE STRUCTURE

« Je cherche des solutions qui résistent aux contraintes de température, de pression... »

Rébécca Berge-Gras, Ingénieure recherche et développement structure chez Air France, à Roissy-en-France (95)

Quel salaire ?

À partir de 2 600 € brut par mois pour un débutant (source : Apec). Le salaire de départ augmente rapidement avec l'expérience.

Ça recrute ?

Quels débuts ?

16 PROS SE RACONTENT MÉTIERS

Quelles études ?

30 Les métiers de l'industrie aéronautique et spatiale I 2017

Les métiers de l'industrie aéronautique et spatiale I 2017 31

Par familles, de A à Z, tous les métiers du secteur en fiches synthétiques.

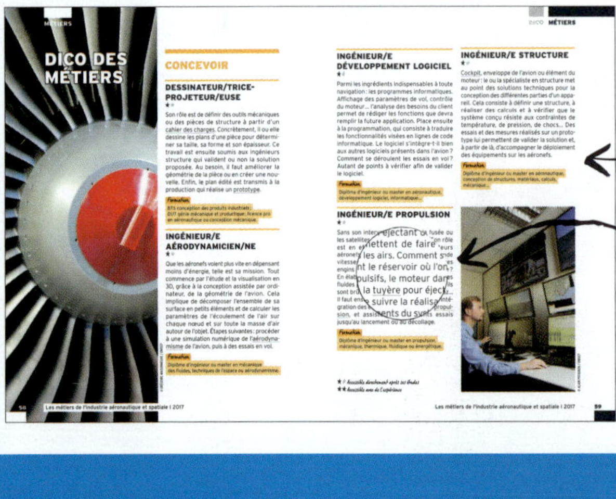
DICO DES MÉTIERS

CONCEVOIR

DESSINATEUR/TRICE-PROJETEUR/EUSE

INGÉNIEUR/E AÉRODYNAMICIEN/NE

INGÉNIEUR/E DÉVELOPPEMENT LOGICIEL

INGÉNIEUR/E STRUCTURE

INGÉNIEUR/E PROPULSION

DICO MÉTIERS

58 Les métiers de l'industrie aéronautique et spatiale I 2017

Les métiers de l'industrie aéronautique et spatiale I 2017 59

Les mots soulignés sont expliqués dans le lexique p. 140.

ÉTUDES

Pour chaque filière, l'essentiel à connaître.

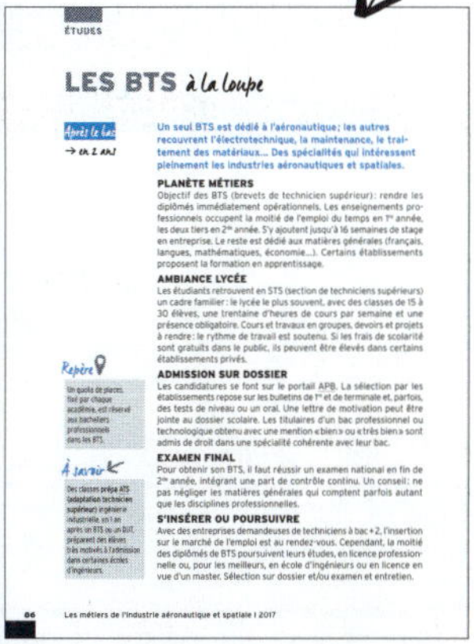

Avec nos réponses aux questions les plus fréquentes, des fiches diplômes et des témoignages.

EMPLOI

le panorama des entreprises et de ce qu'il faut retenir du recrutement dans ce secteur.

GUIDE PRATIQUE

- *Le carnet d'adresses avec la localisation des formations ;*
- *lexique ;*
- *index.*

L'AÉRONAUTIQUE ET LE SPATIAL EN UN COUP D'ŒIL

Vous êtes intéressés par les avions et les engins spatiaux ? Avant de vous lancer dans la lecture de cet ouvrage, l'essentiel à savoir pour mieux se repérer.

Que fabrique-t-on ?

En un mot : « tout ce qui vole », appareils civils ou militaires.

L'aéronautique regroupe la conception, la fabrication et la commercialisation des aéronefs, ainsi que des équipements qui y sont associés (moteurs, systèmes de navigation...). Elle rassemble plus de 90 % des effectifs.

L'industrie spatiale, elle, concerne les satellites de télécommunications et d'observation de la Terre, des lanceurs...

Dernière composante: les équipements de sécurité visant par exemple la surveillance des côtes, le suivi des catastrophes naturelles ou la sécurité des aéroports.

Des passerelles existent entre ces trois orientations.

Qu'est-ce qu'un aéronef ?

Le terme recouvre l'ensemble des appareils capables de voler seuls dans l'atmosphère terrestre : avions, hélicoptères, planeurs, mais aussi drones militaires (avions sans pilote)...

Par opposition, les véhicules spatiaux ou astronefs (satellites, fusées, navettes) évoluent en dehors de l'atmosphère de la Terre (au-delà de 100 km d'altitude).

Les cinq parties d'un avion à la loupe

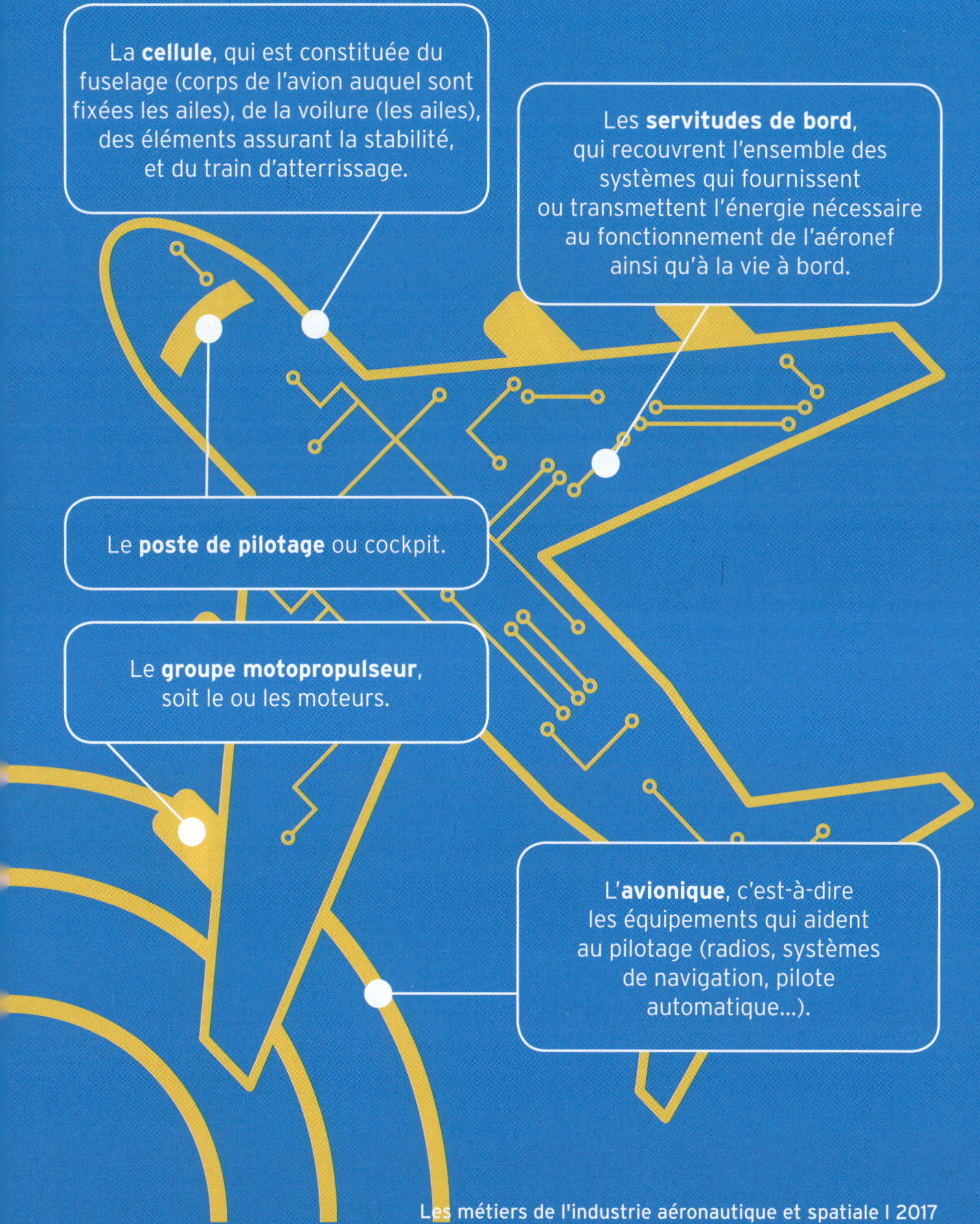

LES ÉTAPES DE LA FABRICATION D'UN AVION

Conception

Inventer les avions de demain : telle est la mission des acteurs de la R&D (recherche et développement). En bureaux d'études, ingénieurs et techniciens calculent, simulent et conçoivent les engins.

Essais

À toutes les étapes, les tests constituent un passage obligé : sur les pièces, sur les maquettes et sur les avions finis.

Commercialisation

Commandes, contrats, ventes... les commerciaux assurent le lien avec les clients (compagnies aériennes, armées...).

Organisation de la production

Au bureau des méthodes, des ingénieurs et des techniciens définissent les opérations de montage et les outils nécessaires.

Fabrication, assemblage, réparation

En atelier, des techniciens et des opérateurs fabriquent des pièces, assemblent les avions et ses équipements... Des spécialistes de la production orchestrent ces différentes opérations.

Fonctions supports

- **Achats**
  Trouver les meilleurs fournisseurs, négocier les contrats pour des pièces ou des prestations.
- **Logistique**
  Commander, stocker et livrer les pièces aux différents services.
- **Qualité**
  Contrôler la qualité et répondre aux normes en vigueur.
- **Support clients**
  Assister le client, de la conception à l'exploitation.

DANS LES COULISSES DE SAFRAN

MOTEUR, ACTION !

Photos : Grégoire Maisonneuve, 2013

À 50 km de Paris, la plate-forme Villaroche de Safran Aircraft Engines, l'un des leaders des moteurs pour avions, s'étend sur 86 hectares. De ces ateliers au milieu des champs de blé sortent notamment les moteurs du Rafale ainsi que ceux d'avions Airbus ou Boeing. Ces pièces sont conçues, développées et produites par le motoriste, seul ou en coopération. Au quotidien, plus de 5 000 personnes s'activent sur le site. Ingénieurs et techniciens interviennent aux différentes étapes de la recherche avancée, de la conception et du développement, tandis que techniciens et ouvriers mènent les opérations de montage, d'assemblage final et d'essais avant livraison au client. Tout un programme qui s'exécute au micron près.

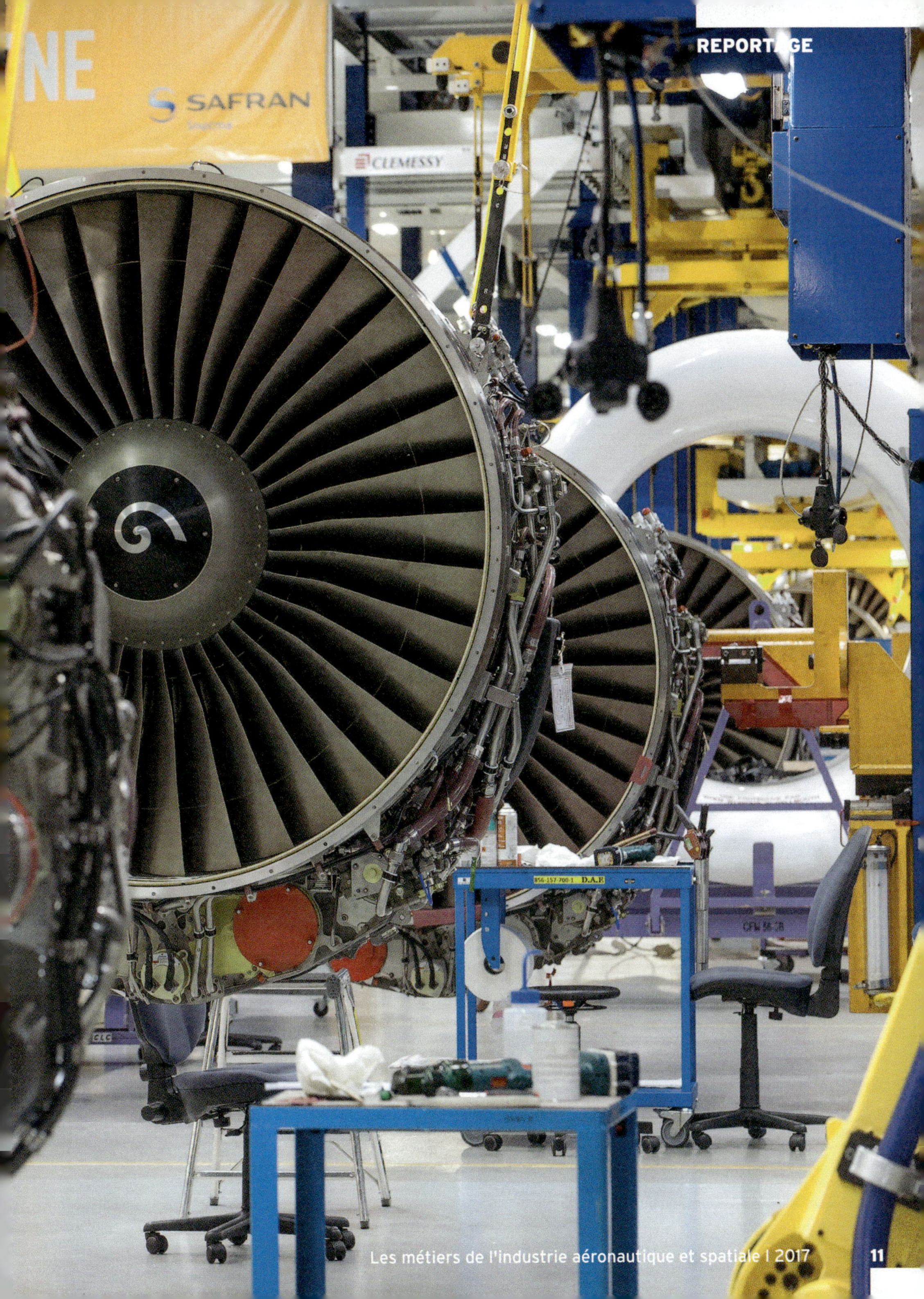
SAFRAN
CLEMESSY

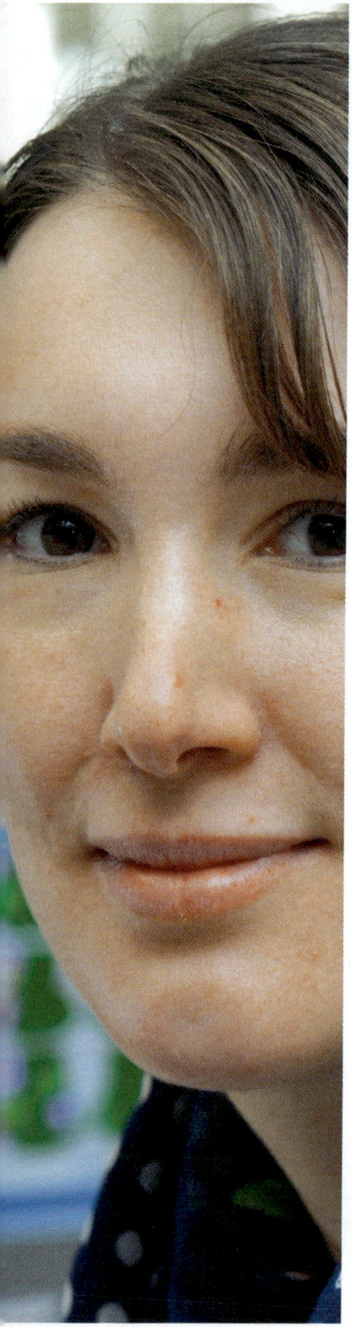

BUREAU D'ÉTUDES

À l'origine d'un moteur se trouvent les ingénieurs du bureau d'études. Le client, un avionneur, leur fait part de ses exigences en matière de rendement, de performance... À eux de décliner ces demandes à l'échelle du moteur, tout en veillant à respecter les normes des autorités qui délivrent les certifications. Pour être élaboré, le moteur est « découpé » en modules : la soufflante, les compresseurs, la chambre de combustion et les turbines. Caroline, ingénieure conception mécanique, travaille sur l'aube de la soufflante, l'élément situé à l'entrée du moteur : *« On commence par dessiner les pièces. Puis, grâce à un logiciel, on leur applique les sollicitations qu'elles peuvent recevoir (pression, température, chocs...). Cela nous permet d'observer la manière dont les pièces réagissent. »* ■

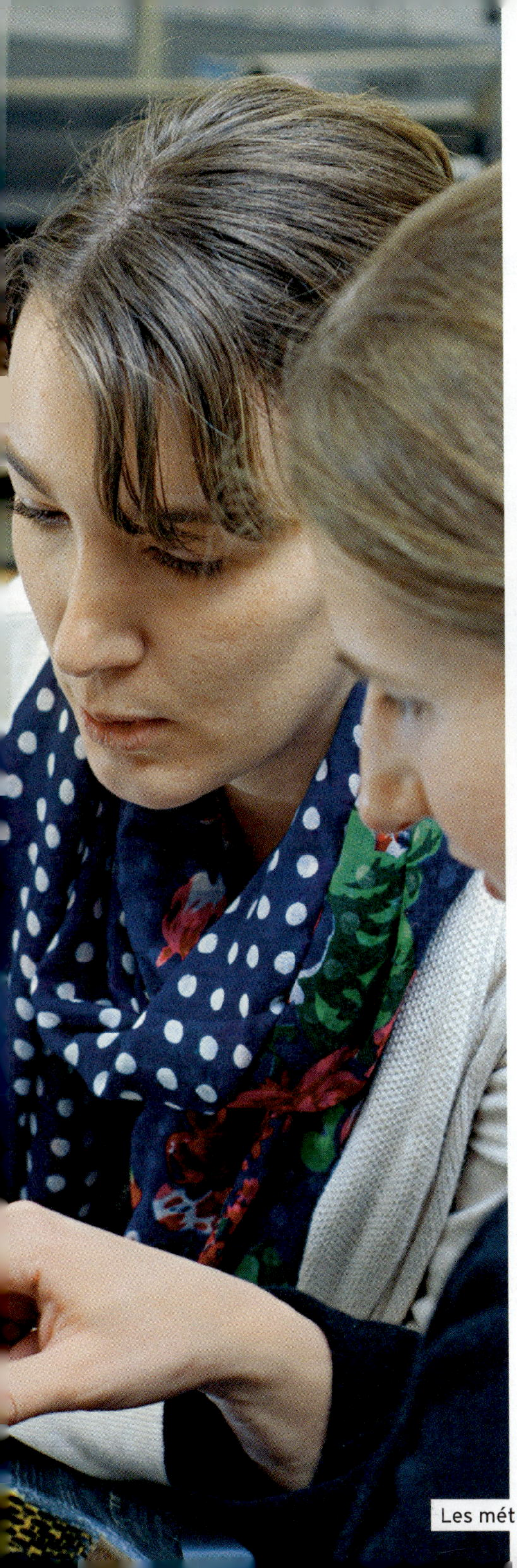

INGÉNIERIE

En parallèle de la conception,
il y a tout ce qui relève de l'informatique. Au cœur de la division systèmes, des ingénieurs, comme Olivier, conçoivent le système de régulation et de contrôle du moteur. Cet équipement garantit, par exemple, que celui-ci produit bien la poussée correspondant à la demande du pilote pour réussir le décollage de l'appareil. ■

ESSAIS R&D

Avant de lancer la production, le bureau d'études commande des essais de R&D (recherche et développement) pour tester les moteurs que les ingénieurs sont en train de concevoir. *« Cela permet de détecter en temps réel ce qui ne va pas,* explique Vincent, technicien essais. *On peut ainsi agir en conséquence. »* La salle où il se trouve est reliée avec le banc d'essais grâce à plusieurs caméras qui filment les opérations. Un moteur est arrivé dans l'après-midi, l'électricien est en train de raccorder le calculateur et les équipements électriques. Vincent prépare le système d'acquisition des mesures : régulation, paramétrage des boîtiers, etc. *« Nous suivons tout un programme. Accélération, décélération... nous annonçons les actions au micro. À côté de nous, les metteurs au point réalisent les opérations. »* ■

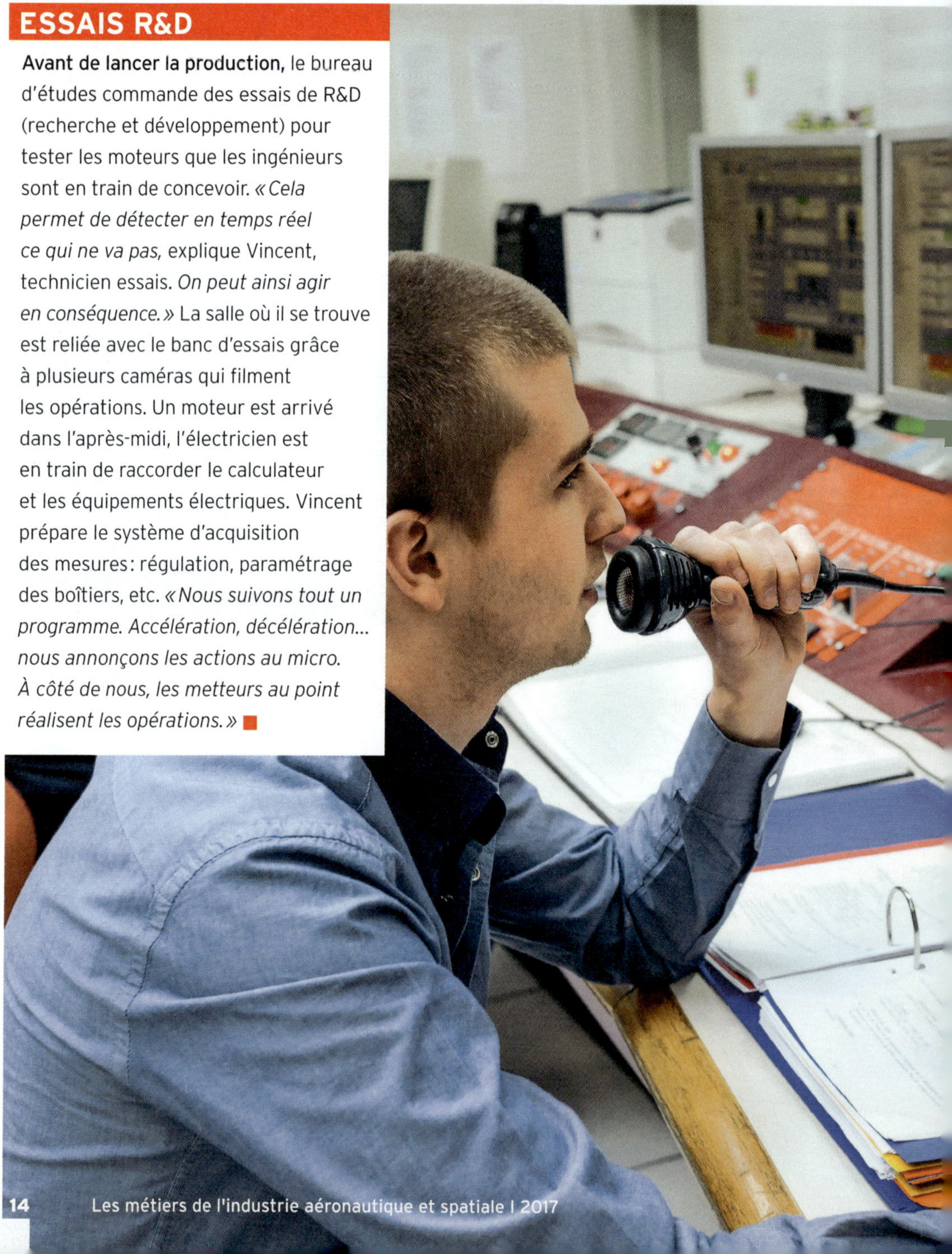

LOGISTIQUE

Quand les autorisations ont été délivrées, la production peut démarrer. Au « magasin », Geoffroy, logisticien, reçoit l'ensemble des pièces nécessaires à la réalisation d'un moteur. Elles sont fabriquées par le groupe ou par des prestataires. « *À chaque fois qu'un moteur est assemblé, un dossier qualité est monté avec les papiers de réception des pièces,* résume Geoffroy. *Il nous faut alors vérifier la conformité des pièces et les références.* » Chaque jour une liste de ce qu'il va devoir fournir est établie : visserie, écrous ou joints. ■

PRODUCTION

Dans l'atelier de production, plusieurs moteurs, tant civils que militaires, sont assemblés, chacun dans une zone de travail bien délimitée. Certains seront entièrement montés sur place, d'autres seront finalisés dans des entreprises partenaires. Gilles, responsable de production d'une ligne de moteurs, encadre les 130 personnes qui travaillent dans cet atelier (sans compter l'équipe support, notamment les techniciens qualité). Au quotidien, il supervise les équipes, règle les problèmes techniques ou les pannes d'équipements. Il peut aussi être appelé pour une erreur de traçabilité. Réactif, il en recherche immédiatement la cause avec les ouvriers. *« La traçabilité est extrêmement importante,* insiste-t-il, *on ne peut rien laisser passer. »*

Un « pur produit Safran »: c'est ainsi que Gilles se qualifie. Recruté comme tourneur avec un CAP, il poursuit ses études en parallèle pour devenir technicien. Il continue à se former, au développement d'abord, puis en gestion de production. Après une expatriation aux États-Unis en tant que représentant qualité production, il intègre son poste actuel: *« Connaître tous ces métiers est riche d'enseignements. J'encourage tout le monde ici, même les ingénieurs, à passer par l'atelier voir comment les gens travaillent. »*

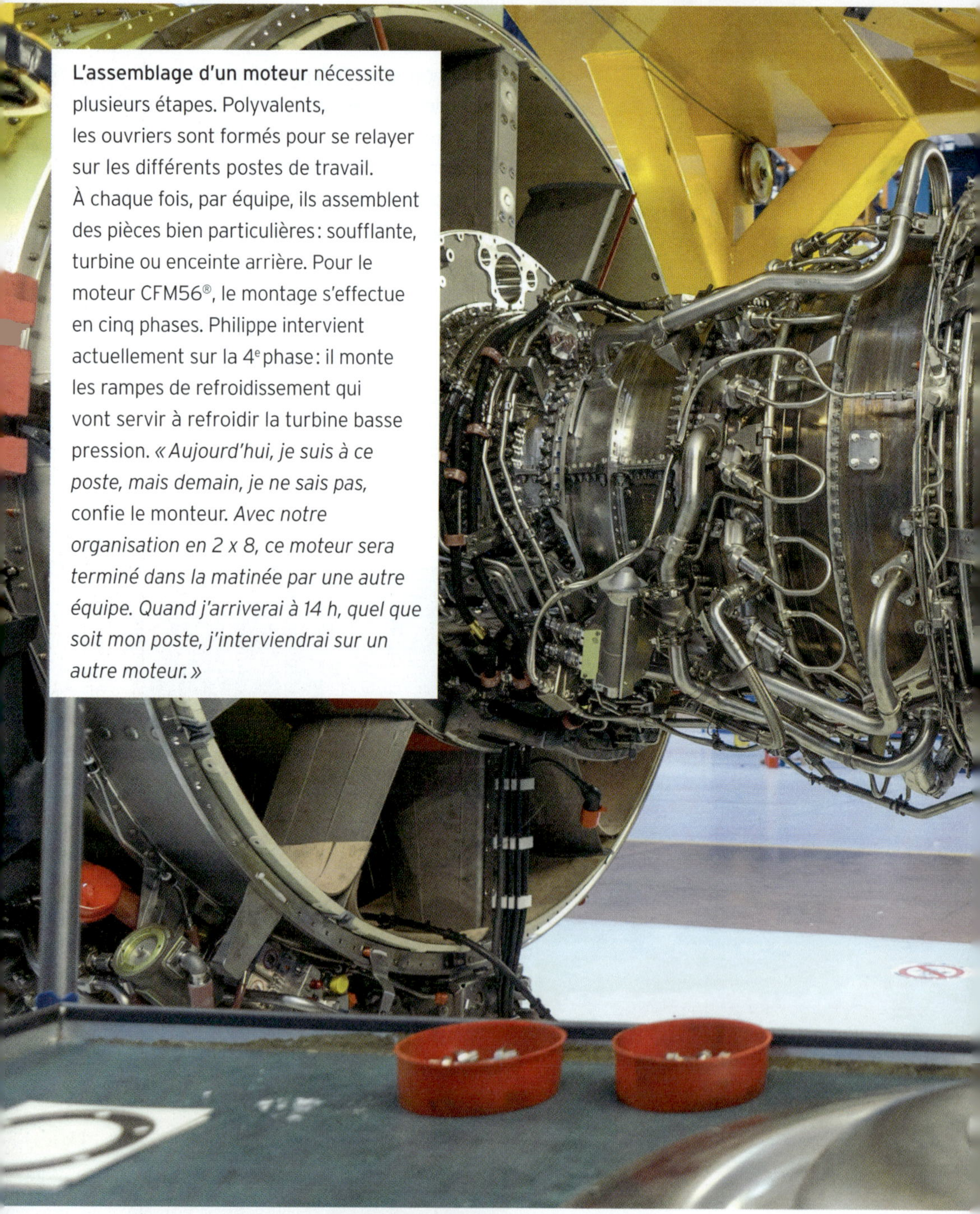

L'assemblage d'un moteur nécessite plusieurs étapes. Polyvalents, les ouvriers sont formés pour se relayer sur les différents postes de travail. À chaque fois, par équipe, ils assemblent des pièces bien particulières : soufflante, turbine ou enceinte arrière. Pour le moteur CFM56®, le montage s'effectue en cinq phases. Philippe intervient actuellement sur la 4e phase : il monte les rampes de refroidissement qui vont servir à refroidir la turbine basse pression. *« Aujourd'hui, je suis à ce poste, mais demain, je ne sais pas,* confie le monteur. *Avec notre organisation en 2 x 8, ce moteur sera terminé dans la matinée par une autre équipe. Quand j'arriverai à 14 h, quel que soit mon poste, j'interviendrai sur un autre moteur. »*

Dans l'équipe de Philippe, deux jeunes recrues sont actuellement en formation. *« Beaucoup de juniors rejoignent l'entreprise, il faut les accompagner. Le montage de ces moteurs ne s'apprend pas à l'école, mais directement sur la ligne d'assemblage. Cette forme de tutorat permet de transmettre un savoir-faire maison. »* 6 mois, un an... cette passation se poursuit jusqu'à ce que les débutants aient acquis les compétences et les habilitations nécessaires pour être autonomes à ces postes. ■

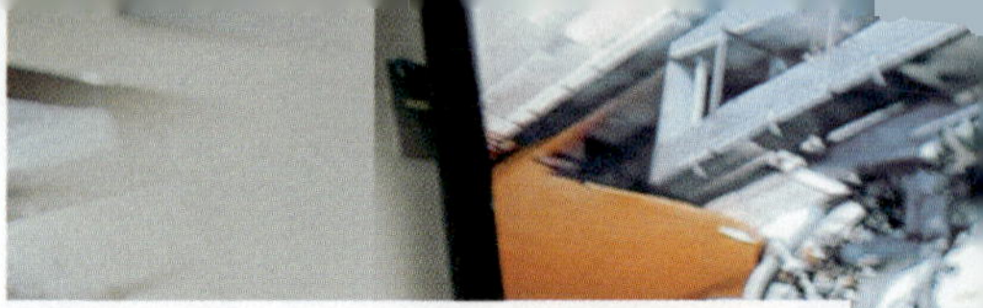

BANC D'ESSAIS

Avant sa livraison au client, le moteur est à nouveau testé. À l'intérieur d'un énorme banc d'essais, des metteurs au point installent l'engin et l'équipent de harnais électriques. *« Un essai en rotation dure de 3 à 5 heures,* explique Cyril. *Mais, en occupation du banc, cela représente 7 heures, soit un cycle de travail. »* L'enseigne « Essais en cours » clignote au-dessus de la lourde et épaisse porte. Derrière leurs ordinateurs, les techniciens essais commencent le rodage du moteur : ils montent petit à petit en puissance jusqu'au plein régime, avant de redescendre de la même façon. Après de petits ajustages, ils lancent un « cycle de performance », c'est-à-dire qu'ils vont vérifier un certain nombre de paramètres établis par le client : niveau de poussée, niveau d'huile, température ou consommation.

Une fois les essais terminés, les moteurs sont conditionnés pour être stockés jusqu'à leur livraison. Civils ou militaires, tous les appareils suivent le même parcours. Encore quelques jours ou semaines et un avion décollera avec ce nouveau moteur. ■

Nos ailes portent vos talents
650 postes à pourvoir en alternance
Le CFA des Métiers de l'Aérien et ses 125 entreprises partenaires proposent à des jeunes, des salariés, des demandeurs d'emploi (h/f) titulaires d'un CAP, BEP ou BAC, des formations en alternance, en contrat d'apprentissage ou de professionnalisation, de 12 à 24 mois, dans les métiers :
Construction & Maintenance Aéronautiques
Exploitation Aéroportuaire
Escale
Hôtesse - Steward (PNC)
Renseignements et inscription :
www.cfadelaerien.fr
orc.fr - vincent@folliard.fr
Nos fondateurs
AIRFRANCE
fnam
GIFAS
PARIS AÉROPORT
îledeFrance
Fonds social européen
CFA
Des Métiers de l'Aérien

À DÉCOUVRIR !
onisep
LES MÉTIERS DU TRANSPORT ET DE LA LOGISTIQUE
CONDUITE
LOGISTIQUE INTERNATIONALE
GESTION DES STOCKS ET DES FLUX
SERVICE AU CLIENT
ORGANISATION
PARCOURS
COLLECTION
MÉTIERS • ÉTUDES •
12€
En vente sur www.onisep.fr/lalibrairie
onisep

MÉTIERS

LES MÉTIERS EN 4 FAMILLES

Pour qu'un avion ou un satellite prenne son envol, de nombreux professionnels travaillent de concert. Des études au montage, de la réparation au commercial, zoom sur 30 métiers phares.

CONCEVOIR

Alliant sécurité et création, ces experts à la pointe de l'innovation imaginent et réalisent les projets aéronautiques de demain. Ils recherchent, étudient et calculent pour concevoir, à l'aide de logiciels, un avion, une fusée, des moteurs, des équipements aéronautiques qui répondront toujours mieux aux besoins des compagnies aériennes ou des forces armées. Tandis qu'un chef de projet intervient de A à Z, d'autres professionnels sont hyperspécialisés.

- **Dessinateur/trice-projeteur/euse**
- **Ingénieur/e aérodynamicien/ne**
- **Ingénieur/e développement logiciel**
- **Ingénieur/e propulsion**
- **Ingénieur/e structure**
- **Ingénieur/e systèmes électriques**
- **Technicien/ne en électronique**

FABRIQUER, RÉPARER

Leur point commun ? Une parfaite connaissance des éléments qui composent un avion et des étapes indispensables à sa construction. En atelier, opérateurs, techniciens et mécaniciens s'appuient sur des savoir-faire pointus pour fabriquer des pièces, assembler des sous-ensembles ou encore réparer l'aéronef et ses équipements. De leur côté, techniciens et ingénieurs pilotent et optimisent la production. Rigueur indispensable !

- **Ajusteur/euse-monteur/euse**
- **Chaudronnier/ère**
- **Ingénieur/e méthodes**
- **Mécanicien/ne de maintenance**
- **Monteur/euse-câbleur/euse**
- **Peintre aéronautique**
- **Responsable de production**
- **Stratifieur/euse-drapeur/euse**
- **Technicien/ne d'usinage**
- **Technicien/ne de forge**
- **Technicien/ne en gestion de production**
- **Technicien/ne méthodes**

Ces métiers sont ouverts aux filles et aux garçons.

TESTER

À ces techniciens et ingénieurs de garantir, à travers les nombreux tests qu'ils effectuent sur les aéronefs et les satellites au moment de leur assemblage, que les engins sont prêts pour leur premier vol. Si les essais ne sont pas concluants, ils doivent rechercher le problème et le signaler. À l'interface de différents services (conception, études, logistique, qualité), ces professionnels doivent impérativement cultiver l'esprit d'équipe.

- **Ingénieur/e essais sols sur aéronef**
- **Ingénieur/e intégration satellite**
- **Technicien/ne essais sols sur aéronef**

VENDRE, AMÉLIORER

Divers profils mais un même objectif pour ces professionnels : contribuer au développement de leur entreprise. D'un côté, des ingénieurs achètent les matériels et équipements pour répondre aux besoins des différents services internes. De l'autre, des chargés d'affaires et techniciens vendent la production ou la prestation à des clients. D'autres spécialistes sont chargés de vérifier et d'améliorer la qualité des produits et des procédures, ou d'assurer la logistique.

- **Ingénieur/e d'affaires**
- **Ingénieur/e de l'amélioration continue**
- **Logisticien/ne**
- **Responsable achats**
- **Responsable qualité**
- **Technicien/ne contrôle qualité**
- **Technicien/ne support clients**

DESSINATEUR-PROJETEUR

© DR

Alexandre Le Roux,

dessinateur-projeteur chez Alkan, à Valenton (94)

« Je dessine les plans des pièces, définis leur design et leur volume. »

Après être passé par une entreprise automobile et une société de connectique industrielle, Alexandre a intégré l'aéronautique en rejoignant Alkan. Désormais, il dessine les plans de pièces et d'équipements mécaniques utilisés dans des aéronefs.

Travail à la pièce. *« Le dessinateur-projeteur doit être capable de traduire un cahier des charges en plans réalisables »*, résume Alexandre. Sous la houlette du responsable de projet, son rôle est de participer à la définition d'un sous-ensemble aéronef, d'une pièce précise ou d'outillages pour monter les pièces entre elles : *« Actuellement, nous cherchons à remplacer des systèmes de plusieurs pièces par un assemblage indémontable. »* Alexandre travaille à une solution technique combinant performance à atteindre et respect des normes en vigueur, des délais et des coûts. *« Pour cela, j'utilise des documents de conception, comme le cahier des charges ou les catalogues fournisseurs. Je m'appuie également sur les différents services de l'entreprise, tels que la production et les méthodes, afin de concevoir avec eux le meilleur produit possible. »*

Dessiner les plans. Les logiciels spécialisés sont les autres alliés indispensables pour Alexandre. *« Ils me permettent par exemple de dessiner les plans de la pièce, de définir la fonction souhaitée, le design, le volume et la masse. »* Après avoir réalisé ses plans en 2D, il les soumet à l'ingénieur structure qui valide ou non la solution proposée : *« Si la pièce ne convient pas, je dois alors l'améliorer, voire en créer une nouvelle. »*

Vers la fabrication. Lorsque l'architecture du produit est arrêtée, Alexandre édite le dessin en précisant toutes les informations nécessaires à la réalisation : dimensions, tolérances, matériaux et formes. Dernière étape : il transmet ce document à l'équipe de fabrication qui est chargée de réaliser un prototype, c'est-à-dire un premier exemplaire.

Quel salaire ?

Entre 1700 et 2000 € brut par mois pour un débutant (source : Apec). La rémunération varie toutefois selon les entreprises et le niveau de diplôme.

Ça recrute ?

La profession de dessinateur-projeteur figure parmi les plus courtisées en France. Ainsi, Alexandre a eu l'opportunité de changer quatre fois d'entreprise en 5 ans. *« Il y a énormément d'offres dans cette branche, le travail ne manque pas ! Dans mon cas, ce sont les sociétés de recrutement qui m'ont contacté, via les réseaux professionnels, pour me proposer un poste. »*

Quelle évolution ?

L'une des particularités de ce métier est d'offrir de nombreuses possibilités d'évolution. Un dessinateur-projeteur ayant démontré des qualités de management et d'organisation pourra ainsi devenir chargé d'études, chargé d'affaires ou chef de projet.

Quelles études ?

Après le bac en 2 ou 3 ans

Si quelques structures recrutent après un bac professionnel (étude et définition de produits industriels, maintenance des équipements industriels) ou un bac STI2D, la plupart exigent un niveau bac + 2 au minimum.

- Voie d'accès au métier la plus fréquente : un DUT ou un BTS en lien avec la production : par exemple, le DUT génie mécanique et productique, le BTS conception des produits industriels ou le BTS conception et réalisation de systèmes automatiques.
- Ces diplômes peuvent éventuellement être complétés par une année supplémentaire pour obtenir une licence professionnelle en aéronautique, conception mécanique, sciences et ingénierie, production industrielle, par exemple.

Retrouvez les études pp. 86, 92, 96.

INGÉNIEURE STRUCTURE

© DR

Rébécca Berge-Gras, ingénieure recherche et développement structure chez Air France, à Roissy-en-France (95)

« Je cherche des solutions qui résistent aux contraintes de température, de pression... »

Recrutée dans l'industrie automobile, Rébécca se rend compte que ce secteur ne la satisfait pas. Elle souhaite alors concrétiser son rêve d'enfant : travailler dans l'aéronautique. Après un premier emploi chez Safran, la jeune femme signe un CDI chez Air France en tant qu'ingénieure structure.

Mieux et moins cher. *« La sécurité en vol de nos passagers constitue notre priorité. Si une pièce de l'appareil est abîmée, nous la changeons le plus rapidement possible. »* Pour cela, Rébécca a un rôle à jouer. L'une de ces missions ? Mettre au point de nouvelles solutions techniques pour réaliser des réparations sur les structures, tout en générant des gains de coût de fabrication. Au quotidien, elle effectue des calculs de structure, choisit le matériau et le moyen de réparation les plus adaptés : *« L'objectif est de vérifier que la solution résiste aux contraintes de température, de pression ou de choc. Notre travail doit être conforme à la réglementation en vigueur. »*

Tests et mise en place. Pour améliorer la qualité et limiter le temps nécessaire aux réparations, la jeune femme échange régulièrement avec les autres services de l'entreprise. *« Je m'assure que ma proposition est compatible avec les recommandations des ingénieurs mécanique, thermique... »* Une fois l'architecture de la solution validée, place aux tests. Rébécca suit les essais et les mesures réalisés sur le prototype. *« J'accompagne ensuite le déploiement de la solution sur site. Cela comprend sa mise en place et éventuellement son amélioration. »*

À l'international. Rébécca travaille également avec des universités, en France ou en Europe, sur des projets de recherche et développement. *« Par exemple, nous avons réfléchi à un nouveau processus de réparation pour nettoyer plus efficacement les pièces de l'avion. »* Elle est aussi amenée à se déplacer régulièrement à l'étranger pour participer à des réunions de travail.

Quel salaire ?

À partir de 2600 € brut par mois pour un débutant (source: Apec). Le salaire de départ augmente rapidement avec l'expérience.

Ça recrute ?

L'ingénieur structure est un profil recherché par les entreprises. Il n'a donc guère de mal à trouver du travail quand il justifie, en plus, d'une certaine expérience. *« Chez Air France, pour ce poste, les contrats courts sont rares. Nous recrutons presque exclusivement des CDI »*, explique Rébécca.

Quels débuts ?

Dans un grand groupe, en plus de découvrir les spécificités du secteur, on acquiert une culture d'entreprise: *« On présente aux nouveaux arrivants le fonctionnement de la société et les différents services,* souligne Rébécca. *Des formations peuvent aussi être organisées afin d'expliquer ce que sont la maintenance en aéronautique, les matériaux de construction... »*

Quelles études ?

Après le bac en 5 à 8 ans

Pour devenir ingénieur structure, un niveau bac + 5 est nécessaire.

- En école d'ingénieurs, on peut suivre une formation généraliste ou spécialisée, par exemple dans le secteur des matériaux ou de la conception de structure. Le cursus s'effectue en 5 ans après le bac ou en 3 ans après un bac + 2.
- À l'université, après une licence (en 3 ans), on peut opter pour un master (2 années supplémentaires) en génie des systèmes pour l'aéronautique et les transports, matériaux et structures pour l'aéronautique et le spatial, ingénierie des structures composites, mécanique, calculs...
- Certains titulaires de master ou de diplôme d'ingénieur poursuivent en doctorat (bac + 8) de génie mécanique, par exemple.

Retrouvez les études pp. 98, 103.

INGÉNIEUR SYSTÈMES ÉLECTRIQUES

© DR

Serge Roques,

expert en systèmes électriques et électromécaniques chez Safran, à Blagnac (31)

« À nous d'étudier constamment de nouvelles installations ou de nouveaux outils. »

Passionné depuis l'enfance par le monde de l'aéronautique, Serge a d'abord voulu être pilote d'essai. Suite à un accident qui lui a fait perdre une partie de l'audition, il s'oriente finalement vers un poste d'ingénieur pour rejoindre le secteur. Son rôle aujourd'hui chez Safran : concevoir et développer les systèmes électriques des aéronefs.

Expert en fils électriques. *« Notre travail intervient au tout début du processus pour déterminer ce que l'on appelle l'architecture électrique »*, explique Serge. Cela consiste à prévoir la génération d'électricité, le réseau électrique, les panneaux de distribution, le câblage… le tout en s'assurant que les règles techniques, les délais et les coûts sont bien respectés. Au quotidien, l'ingénieur s'appuie sur un document de 250 pages, qui définit les grandes lignes de ce qu'il faut faire ou ne pas faire sur une installation électrique. *« Nous sommes ensuite amenés à vérifier le design par des simulations, et nous validons notre solution par des essais sur banc et sur avion. »* La petite émotion pour Serge ? *« C'est d'assister au premier vol de l'avion… »*

À l'affût et à l'écoute. *« Puisque le secteur de l'électricité est en perpétuelle évolution, il faut constamment étudier de nouvelles installations ou de nouveaux outils, de plus en plus efficaces et performants »*, souligne Serge. Le travail d'équipe et le dialogue avec les spécialistes des autres systèmes sont également primordiaux.

Former et breveter. Parallèlement, Serge forme des jeunes ingénieurs et techniciens au sein du groupe Safran. *« Je suis motivé par l'idée de transmettre mes connaissances. À l'heure actuelle, j'ai déjà accompagné 1500 personnes, en France ou à l'étranger. »* Autres tâches : il organise des conférences portant sur les systèmes électriques et essaye d'obtenir des brevets pour protéger les innovations de sa société.

Quel salaire ?

En début de carrière, entre 2 000 et 2 800 € brut par mois (source : Apec).

Ça recrute ?

« Il y a une forte tendance internationale de la part des fabricants à opter pour l'avion "plus électrique". Les fonctions hydrauliques y sont de plus en plus remplacées par l'électrique », explique Serge. Ainsi, les besoins de recrutement de ces ingénieurs sont-ils importants.

Quels débuts ?

Le préalable pour un jeune ingénieur systèmes électriques est de connaître parfaitement toutes les architectures électriques qui existent dans les avions. *« Il faut aussi qu'il soit familiarisé avec la technologie électrique : alternateurs, générateurs, disjoncteurs... Lorsqu'il aura acquis ces connaissances, il se verra rapidement attribuer plus de responsabilités. »*

Quelles études ?

Après le bac en 5 ans

Pour devenir ingénieur systèmes électriques, un niveau bac + 5 est nécessaire.

• En école d'ingénieurs, on peut suivre une formation généraliste ou spécialisée, par exemple en génie électrique. Le cursus s'effectue en 5 ans après le bac ou en 3 ans après un bac + 2.

• À l'université, après une licence (en 3 ans), 3EA (électronique, énergie électrique, automatique) notamment, on peut opter pour un master (2 années supplémentaires) en systèmes électriques et électroniques embarqués, conception de systèmes électriques, génie électrique, ingénierie des systèmes complexes, électronique, énergie électrique...

Retrouvez les études pp. 98, 103.

INGÉNIEUR DÉVELOPPEMENT LOGICIEL

© DR

Thomas Wastyn,

ingénieur développement logiciel chez Thales Air Systems, à Rungis (94)

« La programmation est au cœur de mon métier. »

Des salles entières d'ordinateurs, des contrôleurs derrière chaque écran, des milliers d'avions à gérer par système... c'est le quotidien de Thomas, ingénieur développement logiciel chez Thales Air Systems. Sa mission ? Mettre au point des programmes informatiques nécessaires à la navigation aérienne.

Analyse de la demande. Première étape pour Thomas : étudier et comprendre les besoins des contrôleurs afin de définir les spécifications du logiciel qu'il lui faut créer. *« Je rédige ensuite les fonctions que doit remplir la future application : affichage des plans de vol, route de l'avion, sortie du train d'atterrissage... »* En ce moment, il intervient sur un projet d'envergure : un nouveau système de contrôle aérien pour la République tchèque. *« Ce client veut changer sa manière de communiquer avec l'avion, en passant de l'appel vocal à des messages écrits. Ce projet est très long, il représente plusieurs années de développement. »*

Place au codage. Après avoir décrit l'architecture de son logiciel, Thomas passe à la phase de programmation : *« C'est le cœur de mon métier. Cette étape occupe 45 % de mon temps de travail. »* Au menu : écrire les lignes de code qui traduisent en langage informatique les fonctionnalités visées. Pour cela, il faut utiliser des logiciels de programmation. Vient alors le moment préféré de Thomas : *« Tester directement l'application que j'ai créée à l'aide de scénarios qui simulent les conditions réelles de l'avion en vol. »*

Certifié et validé. Avant d'être mis en exploitation par les contrôleurs, les logiciels doivent être certifiés. Thomas et son équipe sont régulièrement audités pour vérifier qu'ils respectent bien les normes de développement. *« Les logiciels que l'on crée sont embarqués dans les avions, nous n'avons pas droit à l'erreur ! »* Dernière étape : l'ingénieur effectue un grand nombre de tests afin de valider le produit avant qu'il ne parte chez le client.

€ Quel salaire ?

Entre 2 400 et 2 900 € brut par mois pour un débutant (source : Apec).

Ça recrute ?

« Oui, répond Thomas. *Ce métier ne connaît pas trop la crise, c'est plutôt rassurant. La plupart de nos offres sont proposées en intérim, mais de nombreux postes sont aussi ouverts en CDI.* »

Quels débuts ?

Souvent d'un poste confié à de jeunes ingénieurs en informatique, ce poste représente une entrée formatrice dans la carrière. *« Néanmoins, l'ingénieur développement logiciel fraîchement recruté doit attendre plusieurs années avant de se voir confier de plus grandes responsabilités et être réellement autonome sur un projet »*, explique Thomas.

Quelles études ?

Après le bac en 5 ans

Pour devenir ingénieur développement logiciel, un niveau bac + 5 est nécessaire.

• Principale voie d'accès au métier : une école d'ingénieurs. On peut suivre une formation généraliste ou spécialisée en génie informatique, télécoms et réseaux, systèmes embarqués, logiciels (Eisti, Epita, Ensimag, ECE, Eseo...). Le cursus s'effectue en 5 ans après le bac ou en 3 ans après un bac + 2.

• À l'université, après une licence (en 3 ans) en informatique par exemple, on peut opter pour un master (2 années supplémentaires) en informatique, développement logiciel, réseaux et télécommunications.

Retrouvez les études pp. 98, 103.

AJUSTEUR-MONTEUR

© DR

Mathieu Guillard,
ajusteur-monteur aéronautique chez Daher Aerospace, à Montoir-de-Bretagne (44)

« Dans ce métier, l'approximation n'a pas sa place ! »

Un A320 présenté en morceaux à la façon d'un puzzle dont il faut assembler minutieusement chaque sous-partie : cette image illustre la technicité du métier qu'exerce Mathieu au sein de Daher Aerospace. *« Certaines usines assemblent la voilure (les ailes) ; d'autres, le réservoir. Sur ce site de Loire-Atlantique, nous montons des tronçons de fuselage, notamment la pointe avant de l'avion, avec le cockpit et le tube central où sont assis les passagers. »*

Kit et plan. Première étape pour cet ajusteur-monteur : réceptionner, en kit, les éléments à monter, de grands panneaux d'une longueur variable (1 à 6 mètres). *« Je pars du plan pour vérifier la conformité et l'état général de chaque pièce métallique ou composite, avant de réaliser les fixations. »* Perçage en fonction des indications techniques, alésage pour les pièces tournantes. Chacun des gestes est précis : *« Au montage, tout doit parfaitement s'imbriquer. »*

Le geste juste. Actuellement, Mathieu intervient juste avant le départ des tronçons pour le site de Toulouse où sera réalisé l'assemblage final de l'avion : *« Au fil des étapes, on repère des rectifications à effectuer. À moi d'ajuster le diamètre d'un perçage, de réparer une pièce déformée par un choc... »* Le métier exige la maîtrise d'un outillage d'une extrême précision : visseuse, pied à coulisse pour contrôler les cotes... *« On travaille au centième de millimètres près, avec une grande rigueur pour éviter les erreurs. »*

En atelier. Sur le site qui comporte huit hangars, l'ébauche du futur avion se déplace toutes les 7 heures en moyenne. *« Chaque assemblage permet de passer à l'étape suivante et ainsi de suite. »* D'où l'importance du travail en équipe : *« En atelier, un poste regroupe 8 à 15 ouvriers qui échangent entre eux, mais aussi avec le technicien méthodes ou encore l'ingénieur qualité. »* Objectif commun : contribuer à la réalisation d'un fuselage réussi.

Quel salaire ?

« Je gagne actuellement 2 000 € brut par mois hors primes (prime d'équipe pour les salariés en horaires décalés comme les 3 x 8 ou le 13e mois...) », résume Mathieu qui a débuté à 1 700 €. Le niveau de salaire varie en fonction des diplômes, de l'expérience et de l'entreprise.

Ça recrute ?

Ce métier relève de la production qui concentre environ la moitié des embauches du secteur. Les ouvriers qualifiés maîtrisant ce savoir-faire manquent à l'appel. Les ajusteurs-monteurs se situent même parmi les tout premiers profils recherchés et recrutés.

Quelle évolution ?

« Avec un peu d'expérience et une vraie motivation, ce métier offre des perspectives d'évolution intéressantes », constate Mathieu. Un ajusteur-monteur peut ainsi envisager de devenir chef de ligne, technicien méthodes, ou encore choisir de s'orienter vers le contrôle qualité.

Quelles études ?

Quel que soit le diplôme préparé, l'apprentissage constitue une voie de formation adaptée.

Après la 3e en 2 ou 3 ans

- En 2 ans après la 3e, le CAP aéronautique (option structure) représente le premier niveau d'accès au métier.
- Toutefois, un bac professionnel, en 3 ans après la 3e, facilite l'insertion et offre des possibilités d'évolution en entreprise. Le bac pro aéronautique (option structure) est plus particulièrement indiqué.

À noter

Il existe également des certifications professionnelles dans cette spécialité : par exemple, le CQPM (certificat de qualification paritaire de la métallurgie) ajusteur-monteur de structures d'aéronefs ou assembleur composites aéronautique... ; titre professionnel monteur de structures aéronautiques métalliques et composites.

Retrouvez les études pp. 76, 85.

CHAUDRONNIÈRE

© DR

Pélagie Embolo,
chaudronnière chez SN Auvergne Aéronautique-Groupe Figeac Aéro, à Aulnat (63)

« Je progresse toujours techniquement, car aucun dossier ne se ressemble. »

Intéressée par l'aéronautique et habile de ses mains, Pélagie n'a pas tardé à trouver sa voie. *« J'ai découvert le BEP chaudronnerie lors d'une journée portes ouvertes et je n'ai pas hésité ! »* Après une formation complémentaire spécialisée sur les structures d'aéronefs, la jeune femme a rejoint SN Auvergne Aéronautique-Groupe Figeac Aéro, un fabricant d'éléments métalliques (tôlerie, chaudronnerie).

Mise en forme. La structure d'un avion se compose d'une multitude de pièces métalliques ayant chacune des caractéristiques techniques (la matière, l'épaisseur…). La mission de Pélagie ? Mettre en forme les éléments bruts (titane, inox, aluminium) à l'aide d'outils adaptés. *« Dès la réception des pièces, j'effectue les contrôles visuels : je relève les cotes à l'aide d'un pied à coulisse ou d'une jauge, je vérifie les angles et la rectitude avec une règle. Si besoin, je procède au calibrage, c'est-à-dire au redressage des pièces, à des corrections, avec un maillet par exemple. »* Autre activité : ajuster des tuyaux en les découpant à la bonne longueur.

Dossier technique. Dans l'aéronautique, on « formate » aussi bien de petites pièces (déflecteurs servant à modifier la direction d'un courant) que de grands éléments utilisés sur les réacteurs des Boeing par exemple. *« Nous travaillons à partir d'un dossier technique avec des fiches d'instruction, des plans qui donnent des informations sur les cotations. »* Reste à traduire l'intention en gestes techniques : *« Il faut pouvoir visualiser la pièce en 3D pour imaginer le rendu à la fin de la production. »*

Travail d'équipe. Si son activité nécessite parfois le port de charges lourdes, cette jeune chaudronnière peut compter sur l'entraide au sein de son équipe. *« Être une femme ne me pose aucun problème, et je peux faire appel à mes collègues. »* Ce que Pélagie apprécie le plus au quotidien ? *« Exercer un métier qui permet de progresser techniquement chaque jour. »*

€ Quel salaire ?

De 1600 à 1700 € brut par mois pour un débutant. Avec plus d'expérience, de 1900 à 2400 € brut (source : Aérocontact). Les revenus varient beaucoup d'une entreprise à une autre.

Ça recrute ?

Cette fonction, qui nécessite un savoir-faire spécifique, est particulièrement recherchée par les entreprises du secteur. Ces dernières font même face à une forte pénurie de chaudronniers. Une double compétence chaudronnerie-soudure représente un plus sur le marché de l'emploi.

Quels débuts ?

Pélagie a fait ses premiers pas dans l'entreprise en tant que stagiaire : *« L'équipe étant satisfaite de mon travail, je me suis vu proposer un CDD. »* Ce contrat s'est transformé depuis en CDI. Les débuts de la jeune femme sont représentatifs, le stage constituant un atout pour exercer ce métier.

Quelles études ?

Quel que soit le diplôme préparé, l'apprentissage constitue une voie de formation adaptée.

Après la 3e en 2 ou 3 ans

• En 2 ans après la 3e, le CAP réalisations industrielles en chaudronnerie ou soudage (ex-réalisation en chaudronnerie industrielle) représente le premier niveau d'accès au métier.

• Un bac professionnel, en 3 ans après le 3e, facilite les possibilités d'évolution en entreprise. Le bac pro technicien en chaudronnerie industrielle est bien indiqué.

• En une année après le bac professionnel, une MC (mention complémentaire) apporte une compétence supplémentaire bienvenue : la MC technicien en soudage ou la MC technicien en chaudronnerie aéronautique et spatiale (1re session en 2018).

Après le bac en 2 ans

Pour accéder à des fonctions de chef d'équipe, on peut préparer le BTS conception et réalisation en chaudronnerie industrielle.

À noter

Il existe aussi des certifications professionnelles dans cette spécialité : par exemple, CQPM (certificat de qualification paritaire de la métallurgie) chaudronnier aéronautique, titre professionnel chaudronnier aéronautique.

Retrouvez les études pp. 76, 85, 86.

INGÉNIEUR MÉTHODES

© DR

Florian Cazals,
ingénieur méthodes
chez Potez,
à Aire-sur-l'Adour (40)

« Optimiser la fabrication implique de savoir écouter ses interlocuteurs. »

Dans quelques jours, Florian s'envolera pour l'Espagne, où a été transférée la production d'un panneau intégré sous le fuselage de l'A330. Un déménagement sur site bienvenu pour cet ingénieur méthodes, salarié chez Potez. Son rôle ? Élaborer et optimiser les processus de fabrication.

Préparer la production. Sa mission commence dès la phase d'industrialisation. *« Je définis les moyens techniques et humains dont nous aurons besoin pour produire : quelles machines, quelles compétences ? »* Une fois la production lancée, Florian assure le support technique : il valide l'ensemble des documentations techniques transmises par le bureau d'études. *« Je crée des fiches d'instructions destinées aux opérateurs, par exemple pour réaliser les fixations. »* Objectif ? Garantir un process de fabrication en parfaite conformité avec les normes client.

Analyser, optimiser. Autre volet : l'amélioration des méthodes de production. Délais, qualité... plusieurs facteurs entrent en jeu. *« En fonction des difficultés que les opérateurs font remonter, j'étudie les actions correctives, les solutions possibles, pour un problème de montage par exemple. »* De même, lorsqu'un client pointe un déficit de qualité, il faut y remédier. Ce travail d'analyse peut déboucher sur la création de nouvelles fiches d'instructions : *« En production, on s'adapte à chaque projet. Le passage de l'A330 à l'A330neo, dernier-né d'Airbus, est un bon exemple. Certains éléments sont différents à fabriquer et à monter. À nous de redéfinir les procédés, de créer de nouveaux outils. »*

Atelier et bureau. En moyenne, Florian consacre 20 à 40 % de son temps à l'observation du travail de fabrication en atelier. Le reste se passe au bureau pour finaliser des documents techniques notamment. Outre un réel intérêt pour l'industrialisation, certaines qualités humaines s'imposent : *« Savoir se mettre à la place des autres professionnels et comprendre leurs contraintes facilite l'optimisation de la chaîne de production. »*

Quel salaire ?

En moyenne, entre 2500 € (pour un débutant) et 3500 € brut par mois (source : Aérocontact). Le salaire évolue en fonction de l'expérience et de la taille de l'entreprise.

Ça recrute ?

Les besoins du secteur sur les postes de production sont importants, mais on recherche davantage des fonctions d'opérateurs que d'ingénieurs. Si les opportunités dépendent largement du bassin d'emploi, elles sont réelles pour ce métier.

Quels débuts ?

Diplômé d'une école d'ingénieurs spécialisée en mécanique, à Clermont-Ferrand, Florian a démarché les entreprises dans sa région d'origine, près de Toulouse : *« Le bassin d'emploi m'orientait vers le secteur aéronautique, qui m'intéressait. J'ai effectué un stage de 9 mois dans mon entreprise, avant d'obtenir un CDD. L'important est d'avoir un profil orienté vers l'industrialisation. »*

Quelles études ?

Après le bac en 5 ans

Pour devenir ingénieur méthodes, un niveau bac + 5 est nécessaire.

• À l'université, après une licence (en 3 ans) de sciences pour l'ingénieur par exemple, on peut opter pour un master (2 années supplémentaires) en génie mécanique, gestion de production ou génie des systèmes industriels.

• En école d'ingénieurs, il est conseillé de suivre une formation dans une école spécialisée en mécanique ou en génie industriel, par exemple. On peut aussi se former dans une école d'ingénieurs généraliste. Le cursus s'effectue en 5 ans après le bac ou en 3 ans après un bac + 2.

Retrouvez les études pp. 98, 103.

MÉCANICIEN DE MAINTENANCE

© DR

Guilhem Perpère,
mécanicien
monteur essayeur
chez Équip'Aéro Industrie,
à l'Isle-Jourdain (32)

« Ce qui me motive dans l'aéronautique, c'est la technicité des équipements. »

« Dans ce métier, on est satisfait quand on rend un équipement parfaitement réglé et livré à temps, surtout quand les délais sont courts ! » résume Guilhem. Depuis 2 ans et demi, ce mécanicien met son savoir-faire au service d'Équip'Aéro Industrie, une société de maintenance aéronautique. Ses clients ? Des compagnies aériennes (Air France, Lufthansa), des militaires et des prestataires (Safran, par exemple).

Réparations et check-up. Spécialiste des systèmes hydrauliques, pneumatiques ou électriques, Guilhem travaille dans la section des machines tournantes : *« Il s'agit de démarreurs de réacteurs, de turbines de conditionnement d'air... Certains équipements ne fonctionnent plus, notamment à cause d'une importante casse mécanique. »* D'autres doivent être révisés dans le cadre des traditionnelles vérifications. Tout commence par un démontage soigné, c'est-à-dire un nettoyage en profondeur des pièces concernées. *« Cela permet de constater le degré d'usure, de comprendre l'origine de la panne et d'y remédier avant le remontage. »*

Performances à la loupe. Étape suivante ? Les réglages et les tests, sur un banc d'essai. *« Par exemple, sur une turbine de refroidissement de l'électronique de bord, on vérifie que la turbine refroidit l'air chaud venu du réacteur. »* Cela passe par des relevés de vitesse, de température et de débit, effectués avec un logiciel informatique. *« Dans ce métier, il y a 65 % de mécanique et 35 % d'électricité. Le secteur aéronautique est très motivant grâce à la technicité des équipements. »* Si les performances sont atteintes, le service qualité valide la livraison au client.

Précision et dialogue. Outre la minutie et la patience, le relationnel s'impose dans l'atelier, au sein de l'équipe composée d'une quarantaine de mécaniciens encadrés par trois chefs d'équipe : *« On collabore aussi étroitement avec le service des méthodes. Et, selon le problème rencontré, on peut être amené à échanger avec le bureau d'études. On s'adapte à chaque problème, avec pour objectif de le résoudre. »*

Quel salaire ?

En moyenne, 1500 € brut par mois pour un débutant et environ 2100 € pour un chef d'équipe (source : Aérocontact). Le niveau de salaire dépend de l'expérience et de la taille de l'entreprise.

Ça recrute ?

Les besoins sont réels, notamment dans les entreprises de maintenance spécialisées dans le secteur. Les possibilités varient toutefois d'une région à l'autre, selon les bassins d'emploi.

Quels débuts ?

Après un bac S et un DUT génie mécanique et productique, Guilhem a choisi de continuer à se former en intégrant un BTS en maintenance industrielle, en alternance. Le hasard a fait le reste : *« Sur un salon aéronautique, j'ai rencontré la responsable du recrutement de mon entreprise actuelle. Le contact est bien passé et j'ai eu l'opportunité de débuter dans cette petite société. »*

Quelles études ?

Après la 3e en 2 ou 3 ans

• En 2 ans après la 3e, le CAP représente le premier niveau d'accès au métier, et plus particulièrement le CAP aéronautique (option systèmes ou structure).

• En 3 ans après la 3e, plusieurs bacs professionnels peuvent convenir : aéronautique (option systèmes ou avionique) ; maintenance des équipements industriels ; métiers de l'électricité et de ses environnements connectés.

Après le bac en 2 ans

Un niveau bac + 2 ouvre vers davantage de responsabilités et peut faciliter l'insertion. Parmi les BTS qui conviennent plus particulièrement, citons le BTS maintenance des systèmes, le BTS électrotechnique, le BTS systèmes numériques option électronique et communications. Plusieurs spécialités de DUT sont également adaptées : génie mécanique et productique et génie industriel et maintenance, notamment.

Retrouvez les études pp. 76, 85, 86, 92.

TECHNICIEN D'USINAGE

© DR

Rémi Rodriguez,
technicien d'usinage
chez Airbus,
à Toulouse Saint-Éloi (31)

« L'activité évolue sans cesse au rythme des innovations technologiques. »

Au collège, Rémi hésitait entre deux passions, le sport et l'aéronautique. *« Un ami m'a dit qu'il allait passer le concours d'entrée du lycée professionnel de l'aéronautique d'Airbus, à Toulouse. J'ai aussi tenté ma chance! »* 2 ans plus tard, le jeune diplômé a commencé sa carrière chez Airbus. Son rôle? *« Je fabrique des pièces mécaniques intégrées à la structure des aéronefs, plus particulièrement celles destinées aux mâts-réacteurs des avions, ces composants qui relient le réacteur à la voilure. »*

Pièces sur mesure. Pour réaliser une pièce sur mesure, il faut façonner un bloc de métal « brut » sortant tout juste des moules des fonderies. Ébauche, finition... plusieurs étapes se succèdent. *« On enlève progressivement de la matière sur la largeur, la longueur et l'épaisseur, sachant que chaque action d'usinage est pilotée par des machines à commande numérique dont j'effectue les réglages au dixième près. »* Des ponts de levage permettent de placer les pièces sur les machines-outils adaptées, pour du fraisage par exemple, avant que le lancement du programme ne concrétise l'action.

Objectif qualité. Mission suivante pour ce technicien: vérifier les cotes (dimensions) des pièces. Pour contrôler les épaisseurs, il se sert de pieds à coulisse, d'appareils à ultrasons... Acier, titane, carbone: les matières utilisées dans l'aéronautique réagissent chacune à leur manière, or la qualité finale doit être irréprochable. *« La technicité du métier permet de fabriquer les structures complexes nécessaires à l'ossature des avions produits aujourd'hui. »*

Nouveaux programmes. Employé par un site spécialisé dans les métaux, Rémi participe au développement de nouveaux programmes. *« Récemment, j'ai eu l'opportunité de travailler sur une pièce du futur A330neo, qui volera sur l'avion test. Désormais, on entre dans l'ère de l'impression 3D. Ce qui est intéressant, c'est qu'avec les innovations technologiques, ce métier évolue sans cesse. »*

Quel salaire ?

Le Smic (1480 € brut par mois) pour un débutant. Dans un second temps, un technicien d'usinage expérimenté perçoit en moyenne 2000 € brut par mois.

Ça recrute ?

Comme pour la plupart des métiers en lien avec la production, les compétences du technicien d'usinage sont très recherchées par les entreprises du secteur (avionneurs, équipementiers).

Quels débuts ?

Les premiers pas de Rémi ont été largement facilités par l'établissement choisi pour sa formation. *« Le lycée d'Airbus a pour habitude de placer ses jeunes diplômés dans l'entreprise, sous réserve qu'ils aient un bon dossier et un comportement satisfaisant, deux critères essentiels. »*

Quelles études ?

Après la 3e en 3 ans

Le métier de technicien d'usinage est accessible avec un bac professionnel : technicien d'usinage ; pilote de ligne de production... L'apprentissage constitue une voie de formation adaptée.

À noter

Il existe également des certifications professionnelles préparant au métier : par exemple, CQPM (certificat de qualification paritaire de la métallurgie) technicien d'usinage sur machines-outils à commande numérique ; titre professionnel technicien de production industrielle.

Retrouvez les études pp. 76, 85.

TECHNICIENNE EN GESTION DE PRODUCTION

© DR

Marie Feyty,
gestionnaire de production chez Liebherr, à Toulouse (31)

« Notre implication permet à un appareil de redécoller en temps voulu. »

« Dès que l'on reçoit une commande, il y a un défi : livrer le client dans les délais. Aucune compagnie ne souhaite que son avion reste cloué au sol. » Un objectif que Marie garde à l'esprit lorsqu'elle s'installe dans l'atelier de production, chez Liebherr. *« Nous réparons des vannes, un équipement aéronautique permettant d'avoir de l'air sain et à température ambiante à l'intérieur de la cabine. »*

Planifier le travail. Au quotidien, il s'agit d'orchestrer l'activité des mécaniciens-monteurs chargés de réparer les éléments défectueux expédiés par les avionneurs. *« Mon rôle, c'est d'organiser et de faciliter le travail de l'équipe en fonction du planning de production, des stocks de pièces disponibles ou des aléas. »* À Marie aussi d'anticiper les besoins, en pièces détachées par exemple, afin d'éviter qu'un monteur soit bloqué à cause d'une pénurie.

Tableau de bord. Des logiciels de gestion de production assistée par ordinateur permettent à la jeune technicienne de s'appuyer sur un tableau de bord journalier : *« Grâce à cet outil, je peux rapidement redéfinir les priorités du jour en fonction de l'avancée de la production, des délais restants, des imprévus. »* Une panne sur une machine, une pièce endommagée, une commande modifiée à la demande du client : il faut revoir la répartition des tâches pour chaque opérateur et évaluer l'impact sur le planning de production. Objectif ? Une livraison en temps et en heure !

En équipe. Amenée à dialoguer avec de nombreux services de l'entreprise (méthodes, ventes, qualité), Marie souligne l'importance du relationnel, doublé d'un réel intérêt pour le volet technique. *« J'aime l'aspect concret du travail en atelier. L'aéronautique induit une grande précision, car les équipements sont réinstallés sur des avions transportant des milliers de passagers. Savoir que notre implication permet à un appareil de redécoller en temps voulu, c'est une vraie motivation. »*

Quel salaire ?

De 2100 € brut par mois en début de carrière jusqu'à 3100 € pour des professionnels expérimentés (source : Aérocontact).

Ça recrute ?

Les entreprises de construction et de maintenance aéronautiques recherchent ce profil afin de piloter, en atelier, la production. Les opportunités d'emploi sont nombreuses.

Quels débuts ?

Après avoir occupé un poste d'assistante administrative et commerciale dans le secteur industriel (chimie papetière), un déménagement a conduit Marie à Toulouse. *« Le secteur aéronautique étant le premier recruteur dans cette région, j'ai débuté dans cette entreprise en tant qu'assistante des ventes. Puis, j'ai souhaité occuper un poste en gestion de production afin d'être plus proche de la réalité du terrain. »*

Quelles études ?

Après le bac en 2 ou 3 ans

• Le métier de technicien en gestion de production est accessible à partir d'un niveau bac + 2. Parmi les BTS adaptés, citons notamment le BTS conception des produits industriels. Plusieurs spécialités de DUT conviennent aussi : le DUT qualité, logistique industrielle et organisation (QLIO) ; le DUT génie industriel et maintenance.

• Pour compléter sa formation et accroître ses chances d'évolution en entreprise, il est possible de poursuivre une année en licence professionnelle, orientée en gestion de la production industrielle.

À noter

Il existe également un titre professionnel dans cette spécialité, celui de technicien supérieur en gestion de production (niveau bac + 2).

Retrouvez les études pp. 85, 86, 92, 96.

INGÉNIEURE INTÉGRATION SATELLITE

© DR

Éva Lemaire,
responsable mécanique intégration satellite chez Thales Alenia Space, à Cannes (06)

« Je supervise chaque étape, de la préparation de l'outillage au montage. »

Adolescente, Éva vivait sa passion pour l'espace au sein de l'association Astromômes. Devenue adulte, elle a gardé la tête dans les étoiles mais les pieds sur terre, chez Thales Alenia Space. Sa mission : organiser l'assemblage mécanique des satellites de télécommunications.

À la tête des opérations. Responsable d'équipes de techniciens et d'opérateurs, Éva leur délivre chaque jour des consignes, en fonction des activités programmées. Au stade de la fabrication, d'autres ingénieurs et techniciens interviennent en effet sur les satellites pour intégrer et tester les instruments de navigation ou les équipements de propulsion. *« Je supervise la réalisation des différentes étapes, de la préparation de l'outillage au déroulé des opérations de montage de la structure. »* Ensuite, elle effectue un retour d'expérience à l'aide d'un logiciel informatique afin d'améliorer les procédures.

Environnement sous contrôle. Plus souvent sur le terrain que derrière un bureau, Éva évolue en salle blanche. *« Il s'agit d'un lieu où la propreté et la température sont strictement contrôlées et où les règles sont très rigoureuses, car les satellites sont vraiment sensibles. »* Tout le monde porte alors des équipements de sécurité : blouse, chaussures, charlotte, gants et bracelet antistatique. *« Nous sommes également tous formés à utiliser une nacelle pour pouvoir travailler en hauteur. »*

Paré au décollage. Plus ponctuellement, Éva part en campagne de lancement en Guyane, aux États-Unis ou en Russie pour suivre le satellite jusqu'à ce qu'il soit installé sur la fusée qui le mettra en orbite. *« Sur place, je suis aux commandes des déplacements suspendus du satellite jusqu'à la "mise sous la coiffe" de la fusée. »* Et, quand vient l'heure du décollage, Éva n'a plus qu'à lever les yeux au ciel...

Quel salaire ?

Entre 3000 et 3500 € brut par mois en début de carrière.

Ça recrute ?

La France fait partie des plus importants exportateurs et lanceurs de satellites. Les entreprises privées du spatial recherchent des profils d'ingénieurs spécialisés dans les télécommunications, l'électronique ou encore l'avionique. Elles recrutent souvent parmi ceux qui ont déjà travaillé dans l'aéronautique. Il existe aussi quelques rares places dans le public en agence spatiale française (CNES) ou européenne (ESA).

Quels débuts ?

Superviser la totalité de l'assemblage des équipements d'un satellite et leur vérification requiert quelques années d'expérience. Les premiers postes consistent donc à coordonner le montage de sous-ensembles (mécanique, navigation, optique et propulsion) avant de pouvoir acquérir une vision plus globale.

Quelles études ?

Après le bac en 5 ans

Pour devenir ingénieur intégration satellite, un niveau bac+5 est nécessaire.

- Principale voie d'accès au métier : une école d'ingénieurs. Une spécialisation en aéronautique et/ou en spatial est indispensable (Isae-Supaéro, Estaca, Ipsa). La formation s'effectue en 5 ans après le bac ou en 3 ans après un bac+2.
- À l'université, après une licence (en 3 ans) dans une mention scientifique adaptée, on peut opter pour un master (2 années supplémentaires) en aéronautique et spatial ou dans un domaine concernant les satellites (télécommunications, électronique, mécanique ou avionique...).

Retrouvez les études pp. 98, 103.

TECHNICIEN ESSAIS SOL SUR AÉRONEF

© DR

Jérémy Lannois,
technicien essais sol chez Athos Aéronautique (Groupe Assystem), à Toulouse (31)

« Mon rôle consiste à attester la conformité de l'avion. »

« Quand on grandit à Toulouse, on garde forcément en tête des images de Concorde ou d'A380. » Attiré à la fois par l'aéronautique et par le monde industriel, Jérémy est parvenu à conjuguer les deux. Technicien essais sol d'Athos Aéronautique, une société de services à la production, il mène différents tests sur l'A350 avant son premier décollage.

Batterie de tests. *« Je passe environ 70 % du temps sur l'avion, les 30 % restants au bureau afin d'assurer des tâches administratives. »* Jérémy intervient au début de la chaîne d'assemblage de l'appareil pour réaliser une batterie de tests, dans un temps restreint. Assisté d'un technicien support essais sol, il vérifie les systèmes hydrauliques et électriques, le carburant... *« Si une panne survient, j'en recherche l'origine pour que la réparation puisse être effectuée par les équipes de production. Mon rôle consiste à attester la conformité de l'avion. »*

Attention danger. Outre les habituels équipements de protection individuelle, Jérémy porte un pantalon... sans poches ! *« Cela nous évite de laisser traîner un objet qui pourrait représenter un danger. »* La sécurité s'avère en effet primordiale à chaque étape : lors de la préparation de l'outillage pendant l'essai et lors de la remise en état des lieux : *« Nous devons par exemple vérifier le bon fonctionnement des câblages. »*

Responsabilité et autonomie. En production, l'activité ne s'interrompt presque jamais. *« Je peux ainsi commencer à 6 h 45 et finir à 15 h. L'objectif est d'être suffisamment efficace pour résoudre d'éventuelles difficultés afin de ne pas gêner le travail de l'équipe qui prend le relais. »* En journée, un manager supervise les opérations. La nuit et le week-end sont en revanche synonymes d'autonomie. *« Je dois savoir qui contacter si le dépannage est infructueux, par exemple. »*

€ Quel salaire ?

En début de carrière, entre 1500 et 2000 € brut par mois selon l'autonomie plus ou moins importante du poste.

Ça recrute ?

Le secteur de l'aéronautique se porte bien, avec une production en hausse. Ce métier, incontournable sur une chaîne de fabrication, est donc recherché par les entreprises du secteur et par les sociétés prestataires de services.

Quels débuts ?

Comme Jérémy, un technicien débutant peut pendant quelques mois occuper la fonction de support essais sol avant de gagner en responsabilité et d'endosser la casquette du technicien essais sol. Plusieurs années seront ensuite nécessaires pour maîtriser parfaitement l'ensemble des systèmes d'un avion. On peut aussi choisir de se spécialiser dans un type d'appareil ou d'évoluer en tant que manager d'un groupe de techniciens.

Quelles études ?

Après le bac en 2 ou 3 ans

Pour devenir technicien essais sol, un niveau bac + 2 au minimum est nécessaire.

• En 2 ans après le bac, le BTS aéronautique est particulièrement adapté. Le BTS électrotechnique et le BTS systèmes numériques sont aussi appréciés par les recruteurs. D'autres spécialités sont possibles : BTS conception des processus de réalisation de produits ou BTS maintenance des systèmes, par exemple.

• Autre voie d'accès en 2 ans après le bac : le DUT. Deux spécialités mènent plus spécifiquement à cette profession : le DUT mesures physiques et le DUT génie électrique et informatique industrielle. D'autres DUT industriels constituent aussi des portes d'entrée, comme le DUT génie industriel et maintenance.

• Ces formations, notamment les BTS et DUT en maintenance, peuvent être complétées par une licence professionnelle en 1 an dans le domaine de l'aéronautique ou de l'avionique afin d'acquérir des connaissances sur le fonctionnement et les systèmes des aéronefs.

Retrouvez les études pp. 86, 92, 96.

INGÉNIEUR D'AFFAIRES

© DR

Flavien Racaud,

ingénieur commercial chez Figeac Aéro, à Toulouse (31)

« Les compétences techniques sont essentielles pour comprendre le client. »

Adolescent, Flavien voulait devenir pilote d'avion. En grandissant, à défaut d'embrasser cette carrière très difficile d'accès, il s'oriente d'abord dans le génie mécanique, sans perdre de vue les aéronefs, puis se découvre une fibre commerciale. Combinant ces deux centres d'intérêt, il fait ses premières armes chez le sous-traitant Figeac Aéro.

Préparer les contrats. Flavien fait partie d'un pôle d'ingénieurs commerciaux qui a pour objectif de vendre des pièces en aluminium et en titane à des constructeurs aéronautiques. *« Je les aide à répondre aux appels d'offres, à préparer les gros contrats, à les relire attentivement pour voir si rien ne peut prêter à confusion et à veiller ensuite à leur application. »* Il a aussi en charge des offres simples pour des pièces de rechange. *« Monter et défendre un contrat mobilise beaucoup de personnes : les ingénieurs commerciaux, mais aussi la production et l'administration des ventes. »*

Double compétence. Face à l'ingénieur commercial se trouve l'acheteur. *« Nous sommes les deux facettes d'un même métier, le premier cherchant à augmenter le chiffre d'affaires, le second à obtenir un prix avantageux. »* Ce sens de la négociation s'accompagne de compétences techniques. *« Celles-ci sont essentielles pour comprendre les demandes du client ou être capable de lire des plans. »* Sans compter une certaine dose de réactivité : *« Un client a besoin rapidement de pièces ? Il faut pouvoir lui répondre pour ne pas perdre le marché. »*

Au fait des innovations. Les journées sont chargées mais variées, avec de nombreux déplacements dans les bureaux, les ateliers et chez les clients. Flavien apprécie surtout d'être informé des dernières innovations de l'entreprise. *« Si, dans les bureaux d'études, nos ingénieurs parviennent, par exemple, à diminuer le poids d'une pièce, les ingénieurs commerciaux vont être sollicités pour réévaluer sa valeur. »*

Quel salaire ?

Environ 3 000 € brut par mois pour un débutant (source : Apec).

Ça recrute ?

Sur ces postes clés pour le développement de l'entreprise, les offres ne manquent pas. On en trouve surtout chez les équipementiers, les prestataires de maintenance, les motoristes, un peu moins chez les avionneurs qui, eux, recrutent davantage des acheteurs.

Quels débuts ?

À l'instar de Flavien, un débutant commence par prendre en charge des offres et des contrats simples. Avec de l'expérience, il s'occupe des clients plus importants et des projets internationaux. Il peut ensuite évoluer en changeant de gamme de produits, en prenant la tête d'une équipe ou encore en passant du côté des fonctions achats.

Quelles études ?

Après le bac en 5 ou 6 ans

Pour devenir ingénieur d'affaires, un niveau bac + 5 au minimum est nécessaire. Une double compétence est à privilégier.

• On peut passer par une école d'ingénieurs aéronautique ou généraliste, avec une spécialisation commerciale. Le cursus s'effectue en 5 ans après le bac ou en 3 ans après un bac + 2.

• Autre possibilité : passer par une école de commerce, à la suite ou en complément d'une spécialisation technique (DUT génie mécanique et productique, master en aéronautique, diplôme d'ingénieur…). Le plus souvent, un cursus en école de commerce s'effectue en 5 ans après le bac ou en 3 ans après un bac + 2.

Retrouvez les études p. 103.

LOGISTICIENNE

© DR

Marine Serralta,

supply chain manager chez Airbus, à Saint-Nazaire (44)

« Les petites pièces sont tout aussi indispensables que les gros éléments. »

Quand on lui demande quelles sont les qualités indispensables pour exercer son métier, Marine répond: *« De l'organisation, le sens de la communication et beaucoup de logique. »* Et pour cause. Son objectif au quotidien chez Airbus? Faire en sorte que les pièces arrivent à l'heure, soient de bonne qualité et en quantité suffisante pour la fabrication des avions du groupe.

Répondre aux besoins. Au point de départ de la chaîne se trouve le bureau d'études. Pour chaque avion, c'est lui qui définit quelles sont les pièces nécessaires et en quelle quantité. L'ensemble des besoins à l'échelle de la France est rentré dans un système informatique. Marine, elle, est spécialisée dans la quincaillerie, c'est-à-dire les vis, les écrous... *« Il s'agit de petites pièces, parfois produites en grande quantité, mais elles sont tout aussi indispensables pour construire un avion que les gros éléments du tronçon ! »*

Orchestrer les commandes. Étape suivante pour la jeune ingénieure et son équipe de 10 personnes: passer commande auprès des fournisseurs sélectionnés en amont par les acheteurs. *« Il nous faut tenir compte du délai de fabrication du fournisseur, du délai d'envoi et du délai de réception en magasin. Cela peut prendre une semaine à plus d'une année dans le cas, par exemple, d'un interlocuteur japonais qui a recours à des matériaux spécifiques. »* Des pièces ne peuvent être livrées à temps ? À Marine de trouver rapidement une solution: voir si la production peut accepter 1 semaine de délai, envisager un autre fournisseur... *« Chaque retard représente un coût important car c'est la construction de l'avion qui est ralentie. »*

Amélioration continue. En parallèle de cette activité en mode « pompier », avec son lot d'imprévus, Marine mène un chantier au long cours pour améliorer l'approvisionnement. Comment ? *« On affine les prévisions de commande, par exemple. »* Pour cela, elle travaille, comme toujours, main dans la main avec le bureau d'études, le contrôle qualité, les achats et la production.

Quel salaire ?

Avec son bac+5 et surtout ses primes d'intérim, Marine a débuté à 2900 € brut par mois. Un salaire un peu plus élevé que 2600 €, la fourchette basse des débutants (source: Apec).

Ça recrute ?

« Dans un groupe comme le mien, l'intérim représente actuellement la seule porte d'entrée », avertit Marine. Les opportunités sont plus nombreuses auprès des fournisseurs et sous-traitants aéronautiques et, généralement, dans d'autres secteurs comme l'industrie agroalimentaire ou pharmaceutique.

Quels débuts ?

Au terme de son double cursus ingénieur et commercial, Marine a effectué sa dernière année d'études en alternance dans son entreprise actuelle: *« Je mettais en place des indicateurs de performance pour la supply chain. Une fois recrutée, j'ai pris en charge la gestion des commandes de certaines pièces. »* Et après ? Il est possible d'évoluer vers d'autres services de la logistique (par exemple, la logistique qualité) ou vers les achats.

Quelles études ?

Après le bac en 5 ans

Pour devenir ingénieur logistique, un niveau bac+5 est nécessaire. Plusieurs voies sont possibles. Dans tous les cas, l'apprentissage constitue une voie de formation adaptée.

- À l'université, après une licence (en 3 ans) en économie-gestion ou en sciences, on peut opter pour un master (2 années supplémentaires) en logistique, en supply chain, en logistique et achats.
- En école d'ingénieurs, il est possible de suivre une formation en logistique et systèmes industriels. Dans un secteur technique comme l'aéronautique, les connaissances scientifiques de ces profils sont souvent privilégiées. Le cursus s'effectue en 5 ans après le bac ou en 3 ans après un bac+2.
- Les grandes écoles de commerce déclinent elles aussi des spécialisations en supply chain ou, le plus souvent, en supply chain et achats. Là encore, en 5 ans après le bac ou en 3 ans après un bac+2.

Retrouvez les études pp. 98, 103.

RESPONSABLE ACHATS

© DR

Antoine Arnhold,
responsable pôle achats chez Groupe Latécoère, à Toulouse (31)

« Il faut pouvoir répondre aux besoins actuels et futurs des clients. »

« Stimulant, vivant, enthousiasmant... »: Antoine ne manque pas d'adjectifs pour qualifier son métier. Acheteur pendant 10 ans dans les industries automobiles et de la défense, il a saisi l'opportunité de gagner en responsabilité au sein du Groupe Latécoère, acteur majeur du secteur aéronautique.

Objectif compétitivité. Antoine a ainsi pris la tête du pôle achats spécialisé en tôlerie, composites et outillages. Cette entité achète les produits nécessaires à la fabrication de la structure des avions et de certains de leurs systèmes. Un rôle stratégique pour l'entreprise : *« Tout l'enjeu est de trouver des fournisseurs performants (en ce qui concerne la qualité et le respect des délais) et offrant un coût compétitif. »* Autre objectif : améliorer la rentabilité. *« Nos clients nous demandent de diminuer nos prix. Nous devons donc continuellement réduire nos coûts de revient, dont la part achats qui peut représenter jusqu'à 70 %. »*

Anticiper et manager. L'anticipation constitue l'une des clés du succès. *« Il faut pouvoir répondre aux besoins actuels et futurs des clients. Si je me limite à mon actualité, je risque de délaisser un marché ou une technologie en émergence. »* Antoine supervise également une équipe d'acheteurs : *« Je leur fixe des objectifs et je leur fournis les moyens de les atteindre, par le biais de la formation par exemple. »*

À l'interface. *« Dans ce métier, on ne travaille pas seul dans son coin, et on ne reste pas assis tout le temps derrière un bureau à cliquer sur des cellules Excel. »* Réunions, appels, conférences web, Antoine est en contact permanent avec les fournisseurs. En interne, il rencontre régulièrement ses collègues des autres pôles achats et des services programme, qualité, production, logistique... Sans oublier les nombreux déplacements sur des sites de production, dans des salons spécialisés, en gardant *« les yeux et les oreilles bien ouverts »* pour capter les innovations de demain.

Quel salaire ?

Entre 2500 et 2900 € brut par mois pour un débutant. Avec plusieurs années d'expérience, jusqu'à 3750 € (source : Apec).

Ça recrute ?

Stratégique, la fonction achats a le vent en poupe. Avec le bâtiment et l'automobile, l'aéronautique fait partie des industries qui prévoient d'augmenter le plus leurs effectifs. Les profils issus de l'automobile sont particulièrement prisés par les constructeurs et les équipementiers pour leur niveau d'expertise.

Quels débuts ?

Comme Antoine, les débutants passent par la case acheteur. Au cours des premières années, ils peuvent évoluer d'une famille de produits à une autre ou changer de fonctions. 5 années d'expérience sont nécessaires pour espérer occuper un poste de responsable et 10 années au minimum pour celui de directeur des achats.

Quelles études ?

Après le bac en 5 ou 6 ans

Pour devenir acheteur, un niveau bac + 5 au minimum est nécessaire.

• On peut passer par une école d'ingénieurs aéronautique ou généraliste, avec une spécialisation en achat industriel. Le cursus se déroule en 5 ans après le bac ou en 3 ans après un bac + 2.

• Autre possibilité : passer par une grande école de commerce, avec une spécialisation en achat industriel. Là encore, la formation se déroule en 5 ans après le bac ou en 3 ans après un bac + 2.

• Les masters en management des achats ou en achats internationaux proposés dans les universités ou les écoles universitaires de management, constituent une autre voie d'accès. Ils servent généralement de complément à une formation plus généraliste d'école d'ingénieurs, d'école de commerce ou de master en gestion-économie, en sciences (mécanique, électronique…).

Retrouvez les études pp. 98, 103.

TECHNICIEN CONTRÔLE QUALITÉ

© DR

Olivier Roost,
responsable
de prestations
chez Derichebourg
Atis aéronautique,
à Toulouse (31)

« On est le garant des travaux réalisés dans l'avion. »

Après 16 ans dans l'armée, passés principalement à travailler sur des hélicoptères, Olivier Roost a rejoint la société Derichebourg Atis aéronautique. En quelques mois, il est formé au métier d'inspecteur qualité sur l'A380, le plus gros avion de transport de passagers.

À la loupe. *« En tant qu'inspecteur, on est le garant des travaux réalisés dans l'avion. »* Ses missions consistent à réaliser des tests systèmes et à contrôler des gammes de montage. *« Par exemple, une technique de perçage dans un alliage doit répondre aux différentes normes définies et être conforme aux exigences et aux procédures du client. »* Olivier s'occupe également des visites et des clôtures de zone: *« Au moment des fermetures, j'appose des scellés qui permettent de certifier définitivement l'intégrité de certaines parties de l'avion. »*

Vigie. L'inspecteur qualité joue aussi un rôle de premier plan dans la sécurité des produits et des personnes à l'intérieur et à l'extérieur de l'aéronef. Olivier vérifie par exemple le port des équipements de protection individuelle. *« Il peut s'agir aussi de mettre en œuvre des moyens spécifiques de levage et de sécurité, comme des harnais, pour réaliser une inspection sur la voilure. »*

Responsable de prestations. Olivier a rapidement évolué et, toujours au pied des appareils, il encadre aujourd'hui cinq prestations différentes impliquant 140 inspecteurs qualité. Ceux-ci interviennent sur différents postes de travail en chaîne d'assemblage final (cabine, trains d'atterrissage, volets...) de l'A350. *« Au quotidien, j'effectue des revues d'activités, je me tiens informé des problèmes techniques rencontrés et j'interviens au besoin sur l'avion. »* Sans oublier la tenue des plannings, les réunions en interne et avec les clients, la réalisation d'offres techniques ou encore la facturation.

Quel salaire ?

Entre 2000 et 2200 € brut par mois en début de carrière (source : Aérocontact).

Ça recrute ?

La qualité représente une composante essentielle des industries aéronautiques et spatiales. De nombreux postes sont donc à pourvoir, en particulier dans des entreprises prestataires de services ou des agences d'intérim. Celles-ci envoient en effet des techniciens en mission chez les avionneurs ou chez les sous-traitants, en fonction de leurs besoins.

Quels débuts ?

Dans la qualité, les normes réglementaires et les exigences des clients sont multiples. Comme Olivier, les débutants dans ces fonctions connaissent donc souvent une phase d'adaptation et de formation, dont la durée varie selon les entreprises. La qualité concernant toute la chaîne, il est possible ensuite de passer par exemple de la production à la maintenance.

Quelles études ?

Après le bac en 2 ou 3 ans

Pour devenir technicien contrôle qualité, un niveau bac + 2 au minimum est nécessaire.

- À bac + 2, plusieurs spécialités de BTS ou de DUT donnent accès au métier : BTS aéronautique, BTS électrotechnique, DUT génie mécanique et productique, DUT science et génie des matériaux, DUT mesures physiques ou encore DUT qualité, logistique industrielle et organisation.
- La licence professionnelle, en une année après un bac + 2, est cependant encore plus prisée des recruteurs dans les spécialités suivantes : qualité, aéronautique, métrologie, matériaux, mécanique et gestion de la production industrielle.

Retrouvez les études pp. 86, 92, 96.

© GRÉGOIRE MAISONNEUVE / ONISEP

DICO DES MÉTIERS

CONCEVOIR

DESSINATEUR/TRICE-PROJETEUR/EUSE

★★

Son rôle est de définir des outils mécaniques ou des pièces de structure à partir d'un cahier des charges. Concrètement, il ou elle dessine les plans d'une pièce pour déterminer sa taille, sa forme et son épaisseur. Ce travail est ensuite soumis aux ingénieurs structure qui valident ou non la solution proposée. Au besoin, il faut améliorer la géométrie de la pièce ou en créer une nouvelle. Au final, le plan édité est transmis à la production qui réalise un prototype.

Formation

BTS conception des produits industriels; DUT génie mécanique et productique; licence professionnelle en aéronautique ou conception mécanique.

INGÉNIEUR/E AÉRODYNAMICIEN/NE

★★

Que les aéronefs volent plus vite en consommant moins d'énergie, telle est sa mission. Tout commence par l'étude et la visualisation en 3D, grâce à la conception assistée par ordinateur, de la géométrie de l'avion. Cela implique de décomposer l'ensemble de sa surface en petits éléments et de calculer notamment les paramètres de l'écoulement de l'air sur chaque nœud. Étapes suivantes: procéder à une simulation numérique de l'aérodynamisme de l'avion, puis à des essais en vol.

Formation

Diplôme d'ingénieur ou master en mécanique des fluides, techniques de l'espace ou aérodynamisme.

INGÉNIEUR/E DÉVELOPPEMENT LOGICIEL

★☆

Parmi les ingrédients indispensables à toute navigation : les programmes informatiques. Affichage des paramètres de vol, contrôle du moteur... l'analyse des besoins du client permet de rédiger les fonctions que devra remplir la future application. Place ensuite à la programmation, qui consiste à traduire les fonctionnalités visées en lignes de code informatique. Le logiciel s'intègre-t-il bien aux autres logiciels présents dans l'avion ? Comment se déroulent les essais en vol ? Autant de points à vérifier afin de valider le logiciel.

Formation

Diplôme d'ingénieur ou master en aéronautique, développement logiciel, informatique.

INGÉNIEUR/E PROPULSION

★☆

Sans son intervention, les avions et les fusées ne décolleraient pas. Son rôle est en effet de concevoir les moteurs aéronefs qui, en éjectant des gaz à grande vitesse, permettent de faire décoller ces engins dans les airs. Comment s'y prendre ? En élaborant le réservoir où l'on stocke les fluides propulsifs, le moteur dans lequel ils sont brûlés, la tuyère pour éjecter les gaz. Il faut ensuite suivre la réalisation et l'intégration des éléments du système de propulsion, et assister aux différents essais jusqu'au lancement ou au décollage.

Formation

Diplôme d'ingénieur ou master en propulsion, mécanique, thermique, fluidique ou énergétique.

★☆ *Accessible directement après ses études*
★★ *Accessible avec de l'expérience*

INGÉNIEUR/E STRUCTURE

★☆

Le ou la spécialiste en structure met au point des solutions techniques pour la conception des différentes parties d'un appareil (cockpit ou élément du moteur). Cela consiste à définir une structure, à réaliser des calculs et à vérifier que le système conçu résiste aux contraintes de température, de pression ou de chocs. Des essais et des mesures réalisés sur un prototype lui permettent de valider la solution et, à partir de là, d'accompagner le déploiement des équipements sur les aéronefs.

Formation

Diplôme d'ingénieur ou master en aéronautique, conception de structures, matériaux, calculs, mécanique.

INGÉNIEUR/E SYSTÈMES ÉLECTRIQUES

★★

L'énergie électrique est au cœur des évolutions énergétiques et des attentes de la société. Au sein d'un bureau d'études, il ou elle réalise des calculs et des études pour concevoir et développer les systèmes électriques de l'aéronef. Son principal outil de travail : les logiciels de conception assistée par ordinateur. Après le suivi de fabrication, la vérification du système par des simulations et des essais est incontournable pour s'assurer qu'il est conforme aux exigences du cahier des charges.

Formation

Diplôme d'ingénieur ou master en aéronautique, génie électrique, conception de systèmes électriques....

TECHNICIEN/NE EN ÉLECTRONIQUE

★★

Des commandes de vol aux radars, l'électronique est de plus en plus présente dans l'aéronautique. L'objectif de ce technicien ou de cette technicienne est précisément de contribuer au développement des systèmes électroniques utilisés au sol ou embarqués à bord des appareils. Après avoir analysé les fonctions de la carte électronique (amplification, filtrage...), il lui faut réaliser avec un logiciel le schéma électrique de celle-ci. Lorsque le prototype est fabriqué, s'ensuivent la phase des tests et l'entretien des bancs d'essais.

Formation

BTS systèmes numériques option électronique et communications, ou BTS électrotechnique ; DUT génie électrique et informatique industrielle ; licence pro en avionique ou électronique.

FABRIQUER, RÉPARER

AJUSTEUR/EUSE-MONTEUR/EUSE

★★

Fuselage, voilure, queue... l'ossature d'un avion (la cellule) ressemble à un immense puzzle composé d'une multitude d'éléments à réunir. C'est là qu'entre en jeu ce ou cette spécialiste du montage, en charge d'assembler des pièces ou des sous-ensembles de structure d'aéronef. Perceuse, disqueuse, pied à coulisse... des outils adaptés lui permettent de rectifier les éléments, de les ajuster, puis de les monter avec une extrême rigueur dans le geste technique.

Formation

CAP ou bac pro aéronautique option structure ; certification professionnelle.

CHAUDRONNIER/ÈRE

★★

Sa spécialité : la mise en forme (en volume) des pièces métalliques en alliages légers (tôles, tubes en alliages d'aluminium, titane ou acier inox). L'étude du dossier technique lui permet de connaître les cotes et mesures à respecter. Ensuite, place au traçage et au découpage, à l'aide d'outils manuels, de logiciels de traçage assistés par ordinateur et de machines spécifiques. Selon leur niveau de qualification, certains professionnels maîtrisent également les techniques spécifiques de soudage.

Formation

CAP réalisations industrielles en chaudronnerie ou soudage ; bac pro technicien en chaudronnerie industrielle ; MC technicien en soudage...

© ALAIN POTIGNON / ONISEP

INGÉNIEUR/E MÉTHODES

★☆

Dans une industrie de pointe comme l'aéronautique, une entreprise doit savoir optimiser les processus de production. Aux spécialistes méthodes de définir et coordonner les procédures de fabrication. Il leur faut pour cela tenir compte des moyens humains et techniques, des contraintes de qualité et de rentabilité, des améliorations possibles. Leur objectif ? Rendre l'entreprise plus compétitive. Le métier combine au quotidien management d'équipe et maîtrise des outils informatiques de gestion de production.

Formation

Diplôme d'ingénieur ou master en génie industriel, mécanique, gestion de production...

MÉCANICIEN/NE DE MAINTENANCE

★☆

Qui dit maintenance dit réglages et réparations des équipements mécaniques ou électro-mécaniques présents sur les aéronefs : démarreurs de réacteurs, turbines de climatisation ou commandes de vol. Après le démontage et le « diagnostic » technique, ce mécanicien ou cette mécanicienne remet l'ensemble en état. Ensuite, tests et contrôles lui permettent de garantir la sécurité des pièces sur des systèmes toujours plus performants.

Formation

CAP aéronautique option systèmes ou avionique ; bac pro aéronautique option systèmes ou avionique, maintenance des équipements industriels, métiers de l'électricité et de ses environnements connectés (MELEC)... ; BTS maintenance des systèmes, électrotechnique...

★☆ *Accessible directement après ses études*
★★ *Accessible avec de l'expérience*

MONTEUR/EUSE-CÂBLEUR/EUSE

★★

Moteurs, actionneurs, mais aussi services de restauration... sans un réseau électrique parfaitement fiable, pas de vol ! Cœur électrique de l'avion, le câblage nécessite les compétences de ce ou cette professionnelle qui travaille sur des châssis mécaniques ou des tableaux électriques. Sa mission ? Effectuer et vérifier les raccordements électriques. Aucune défaillance n'est permise, par exemple pour raccorder les câbles aux prises positionnées sur les calculateurs de vol chargés d'envoyer les signaux dans le cockpit.

Formation

CAP ou bac pro aéronautique option avionique ; certification professionnelle.

PEINTRE AÉRONAUTIQUE

★★

Une fois l'assemblage terminé, reste une phase essentielle pour identifier un avion au premier coup d'œil : la mise en peinture. Après avoir préparé et traité les surfaces à peindre, ce ou cette spécialiste des outils (pistolets) et des techniques propres au métier (ponçage, polissage...) rafraîchit, colore et décore. Quelques retouches garantiront le résultat final. Connaître sur le bout des doigts la composition chimique comme les incompatibilités des peintures utilisées est un principe de base. Des notions d'informatique permettent par ailleurs d'utiliser des automates programmables (robots) facilitant l'application à certaines étapes.

Formation

CAP peinture en carrosserie ; bac pro traitements des matériaux ; certification professionnelle.

RESPONSABLE DE PRODUCTION

★★

Aileron, pièce de moteur, séparateur de sièges... quelle que soit la production, le ou la responsable vise une qualité irréprochable, tout en respectant les délais et les coûts. À la tête d'une unité de production, sa mission consiste à organiser la fabrication, en fonction des personnels présents, des outillages disponibles, du volume des commandes et des aléas. Ses préconisations sont relayées sur le terrain par les techniciens en gestion de production. Le métier nécessite une double compétence : connaissance des techniques de production et management d'équipe.

Formation

Diplôme d'ingénieur ou master en gestion de production.

STRATIFIEUR/EUSE-DRAPEUR/EUSE

★☆

Son domaine ? Fabriquer des pièces composites hautes performances appréciées pour leur résistance aux chocs et leur légèreté. Celles-ci sont notamment utilisées pour le fuselage ou les moteurs des aéronefs. La technique de ce ou cette spécialiste consiste à « habiller » des moules en appliquant des couches successives de fibres textiles (fibres de verre, carbone...) préalablement imprégnées de résine. Ces gestes très précis nécessitent minutie et savoir-faire.

Formation

CAP composites, plastiques chaudronnés ; bac pro aéronautique option structure, plastiques et composites ; certification professionnelle.

TECHNICIEN/NE D'USINAGE

★☆

C'est au centième de millimètre près que ce ou cette spécialiste des machines-outils à commande numérique travaille. Son rôle : façonner, par enlèvement de matière, les pièces intégrées aux structures et aux moteurs d'aéronefs. Pour y parvenir, il lui faut régler les machines-outils chargées d'effectuer les diverses opérations d'usinage (fraisage, tournage, rectification...). Le métier nécessite des compétences en programmation, une bonne connaissance des matériaux utilisés dans le secteur aéronautique, et la maîtrise de l'anglais technique et de la lecture des plans (gamme de travail).

Formation

Bac pro technicien d'usinage, pilote de ligne de production ; certification professionnelle.

© PATRICK DELAPIERRE / AIR FRANCE INDUSTRIES

TECHNICIEN/NE DE FORGE

★☆

Son activité consiste à travailler et à déformer le métal à chaud et à froid pour réaliser des pièces qui seront assemblées sur les aéronefs. Après avoir défini les outils et les procédés les plus adaptés à la production, le technicien ou la technicienne utilise l'une des nombreuses techniques de forgeage (matriçage, estampage, forgeage libre...). L'objectif est de donner au matériau la résistance nécessaire pour garantir la sécurité des vols aux futurs passagers. Une simulation numérique peut être utile pour s'assurer de l'efficacité des méthodes choisies.

Formation

Bac pro fonderie ; BTS fonderie ; BTS forge.

★☆ *Accessible directement après ses études*
★★ *Accessible avec de l'expérience*

TECHNICIEN/NE EN GESTION DE PRODUCTION

★☆

Sa priorité ? Que les clients soient livrés en temps et en heure, sans négliger la qualité. Ce relais du ou de la responsable de production coordonne le travail des opérateurs sur le terrain. Pour répartir la charge de travail dans les ateliers, il lui faut tenir compte des commandes, des stocks de pièces, des personnels et des aléas (panne de machine, casse...). Au quotidien, la maîtrise des étapes de fabrication et des logiciels de gestion de production assistée par ordinateur est essentielle.

Formation

BTS conception des produits industriels; DUT qualité, logistique industrielle et organisation (QLIO); licence pro gestion de production; certification professionnelle.

TECHNICIEN/NE MÉTHODES

★☆

Intermédiaire entre le bureau d'études et la production, ce technicien ou cette technicienne définit les opérations effectuées par les opérateurs en atelier (besoins en outillage, instructions de montage) et propose des améliorations de procédures. Un matériel cassé, une pièce non conforme... pas de temps à perdre pour apporter une aide technique aux ajusteurs-monteurs, aux mécaniciens, tout en faisant remonter l'information au bureau d'études. Objectif ? Que la production se déroule dans les meilleures conditions.

Formation

BTS aéronautique, conception des produits industriels...; DUT; licence professionnelle en aéronautique ou génie mécanique.

© DASSAULT AVIATION - S. RANDÉ

TESTER

INGÉNIEUR/E ESSAIS SOL SUR AÉRONEF

★★

À la tête d'une équipe de techniciens, il ou elle dirige l'ensemble des opérations de tests effectués au sol sur des prototypes ou des aéronefs en production. Cela implique de définir au préalable les moyens d'essais à mettre en œuvre, ainsi que les plannings à respecter. Autre tâche : coordonner et participer à la production des rapports d'essais, des certificats de conformité. En relation avec les services études et essais en vol, sa mission est enfin d'optimiser cette phase de tests afin de préparer au mieux les appareils à leur premier décollage.

Formation

Diplôme d'ingénieur en aéronautique ou généraliste ; master en aéronautique, mécanique, électronique.

INGÉNIEUR/E INTÉGRATION SATELLITE

★★

Charlotte, combinaison, gants... tel est l'équipement à enfiler chaque jour avant d'entrer en salle blanche, là où sont fabriqués les satellites. Spécialisé dans les sous-ensembles ou les systèmes (mécanique, électronique, propulsion...), il ou elle est en charge de l'assemblage des parties d'un satellite. Des tests lui permettent de vérifier leur fiabilité et leur résistance, en simulant les conditions de l'espace. Parfois, il lui arrive aussi de participer aux opérations de lancement.

Formation

Diplôme d'ingénieur en aéronautique et spatial ; master en aéronautique, télécommunications, mécanique, électronique...

TECHNICIEN/NE ESSAIS SOL SUR AÉRONEF

★★

Le train d'atterrissage reste bloqué ? La radio ne fonctionne pas ? Les lumières ne s'allument pas ? Autant de problèmes auxquels on peut être confronté en contrôlant des avions et des hélicoptères en production. Sa mission consiste à réaliser tests, mesures et simulations de fonctionnement pour vérifier la conformité de l'appareil. Mécanique, acoustique, moteur, système de navigation, électronique embarquée... tout est passé au crible. Il faut aussi préparer l'outillage, rédiger des rapports, répertorier les anomalies...

Formation

BTS ou licence professionnelle en aéronautique, mécanique, électrotechnique, systèmes numériques ; DUT mesures physiques, génie mécanique et productique.

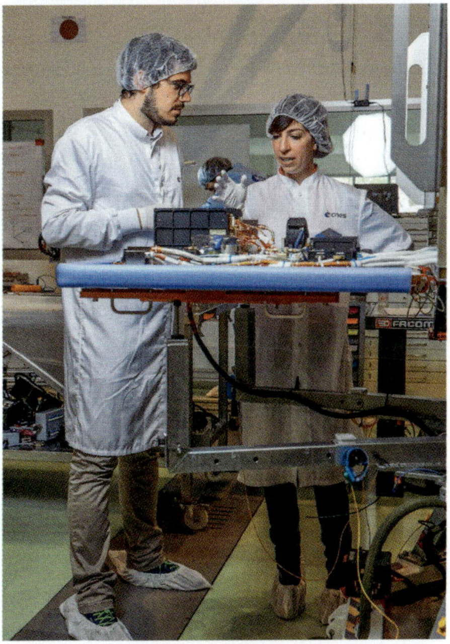

★★ *Accessible directement après ses études*
★★ *Accessible avec de l'expérience*

VENDRE, AMÉLIORER

INGÉNIEUR/E D'AFFAIRES

★★

Son rôle ne se résume pas à trouver de nouveaux clients pour leur proposer des services de conception, de modification ou de maintenance aéronautique. Il s'agit de suivre une affaire du début à la fin, de la prospection commerciale à l'aboutissement du projet dans le respect des coûts et des délais. Au programme aussi : assurer l'interface entre le client et les services techniques de son entreprise pendant la réalisation et, en cas de retard ou de modification coûteuse, gérer des litiges. Ses atouts sont la fibre commerciale et les connaissances techniques.

Formation

Diplôme d'école de commerce ou diplôme d'ingénieur, complété par une formation commerciale.

INGÉNIEUR/E DE L'AMÉLIORATION CONTINUE

★★

Comment améliorer la performance de l'entreprise ? Telle est la question que se pose ce ou cette spécialiste qui peut intervenir sur tout ou partie des activités : production, méthodes, logistique… Ses missions : établir un état des lieux des pratiques et méthodes, mettre en place des actions de progrès et évaluer leur efficacité. Ce travail s'effectue en lien étroit tant avec les services internes qu'avec les prestataires, les clients et les fournisseurs. Connaissance du fonctionnement industriel et pédagogie indispensables !

Formation

Diplôme d'ingénieur en aéronautique ou généraliste ; master en qualité ou en management.

LOGISTICIEN/NE

★★

N'être jamais en rupture ni en excès de stock, optimiser les coûts et les délais d'approvisionnement : plusieurs logisticiens s'y emploient. Tandis que les uns commandent les matières premières ou les pièces requises pour la fabrication ou la réparation des aéronefs ou des satellites, d'autres planifient les entrées et les sorties des produits. D'autres encore les acheminent jusqu'à la ligne de production ou livrent les produits finis aux clients. Pour tous, le métier s'exerce au croisement des services achats, production, contrôle qualité et informatique…

Formation

BTS, DUT ou licence professionnelle en logistique ; pour le niveau ingénieur : master, diplôme d'ingénieur, diplôme d'école de commerce ou formation spécialisée en logistique ou supply chain.

RESPONSABLE ACHATS

★☆

Au sein d'une entreprise, c'est la personne chargée d'acheter pièces, équipements ou prestations en fonction des besoins des différents services. Son credo : la maîtrise des coûts, des délais et de la qualité. En contact permanent avec les fournisseurs, elle étudie les marchés, rédige des contrats, gère les litiges... Il ou elle propose de nouveaux produits ou services afin de réduire les dépenses et d'anticiper les évolutions. Ses atouts ? Un excellent sens commercial doublé de bonnes connaissances techniques.

Formation

Diplôme d'école de commerce avec une spécialisation en achat industriel ; diplôme d'ingénieur en achat industriel ou complété par un master en achats.

RESPONSABLE QUALITÉ

★☆

À un échelon plus large que les techniciens qualité, qui effectuent les contrôles, ce ou cette responsable établit la politique qualité au sein de l'entreprise. Les éléments d'aéronefs produits doivent en effet être conformes aux normes réglementaires et aux exigences du client. Il lui revient de définir les méthodes pour vérifier la dimension des pièces, tester la résistance des matériaux ou encore détecter les défaillances. Autant d'opérations à faire respecter par l'ensemble des services. Une analyse régulière des pratiques lui permet aussi de les améliorer.

Formation

Diplôme d'ingénieur et/ou master en aéronautique ou en qualité.

TECHNICIEN/NE CONTRÔLE QUALITÉ

★☆

Sur un avion, un hélicoptère ou un satellite, le défaut est banni. En chassant toute anomalie, le technicien ou la technicienne s'en porte garant. Son quotidien ? S'assurer de la conformité des opérations de fabrication, d'assemblage et de réparation d'aéronefs ou d'engins spatiaux. La moitié du temps se passe dans les ateliers pour effectuer des mesures et des relevés sans gêner l'activité. Il s'agit ensuite de renseigner des documents de contrôle et de suivi.

Formation

BTS aéronautique ; DUT en contrôle qualité, génie mécanique, mesures physiques ; licence pro en qualité des industries aéronautiques et spatiales, en génie mécanique ou des matériaux.

TECHNICIEN/NE SUPPORT CLIENTS

★☆

Un client commande un équipement ou une intervention de maintenance ? À lui ou à elle de réceptionner la demande de prestation et de la suivre jusqu'à son aboutissement. Au menu : analyse des requêtes, négociation, devis, contrat, facturation, traitement des litiges. Cela l'amène à interagir avec de nombreux services de son entreprise : bureau d'études, production, logistique... En plus d'avoir le sens du commerce, posséder des connaissances techniques en aéronautique pour comprendre les besoins de ses interlocuteurs est indispensable.

Formation

BTS aéronautique, DUT, licence pro dans l'industrie ou l'aéronautique, souvent complété par une formation commerciale.

★☆ *Accessible directement après ses études*
★★ *Accessible avec de l'expérience*

ÉTUDES

QUELLES FORMATIONS POUR QUELS MÉTIERS ?

Du CAP au diplôme d'ingénieur, tout un éventail de formations permet de rejoindre le secteur de l'aéronautique et du spatial. Tour d'horizon des cursus adaptés selon les professions envisagées.

CONCEVOIR

Pour rejoindre la R&D (recherche et développement), un diplôme à bac + 5 est le plus souvent la norme. C'est le niveau attendu pour devenir, par exemple, ingénieur propulsion, structure ou systèmes électriques... Il existe deux possibilités de formation : un diplôme d'école d'ingénieurs, généraliste ou spécialisé en aéronautique ou dans une compétence associée (systèmes embarqués, mécatronique, ingénieur d'affaires...) ; un master à l'université, adapté au créneau visé (thermique, matériaux et structure, génie électrique...). Pour les postes de technicien ou d'assistant ingénieur, un bac + 2 (BTS ou DUT en génie mécanique et productique, réseaux et télécommunications...) ou un bac + 3 (licence professionnelle) est adapté. Les postes dans la recherche nécessitent quant à eux d'aller jusqu'au doctorat, à bac + 8.

FABRIQUER, RÉPARER

La majorité des métiers d'opérateur (ajusteur-monteur, chaudronnier, stratifieur-drapeur...) sont accessibles aux titulaires d'un CAP. De nombreux jeunes optent toutefois pour une poursuite d'études en bac professionnel. Apprécié des recruteurs, ce niveau de formation offre davantage de possibilités en termes d'insertion. Largement proposée au niveau CAP et bac professionnel, l'alternance est une voie à privilégier. Pour certains postes de technicien ou des fonctions de chef d'équipe (dans la gestion de production, par exemple), mieux vaut opter pour un bac + 2 (BTS maintenance des systèmes, DUT génie mécanique et productique...). Enfin, le métier d'ingénieur méthodes, par exemple, nécessite un diplôme d'école d'ingénieurs ou un master, tous deux à bac + 5.

TESTER

Pour tester des avions, des hélicoptères ou des satellites avant leur premier décollage, plusieurs niveaux de formation sont possibles. Il faut au minimum un bac + 2 (BTS ou DUT) ou un bac + 3 (licence professionnelle) en aéronautique, en mécanique ou encore en électronique pour assurer les missions opérationnelles d'un technicien : préparation des essais et de l'outillage, réalisation des simulations et des mesures et signalement des anomalies. Pour coordonner ces activités et définir les méthodes à suivre, un bac + 5 est requis. Il peut s'agir d'un diplôme d'école d'ingénieurs ou d'un master à l'université en aéronautique ou spatial, ou dans l'un des domaines qui intéressent ces métiers (télécommunications, électronique, mécanique...).

VENDRE, AMÉLIORER

Très variés, les métiers dits « supports » sont accessibles à différents niveaux. Travailler dans la qualité, la logistique ou le support client requiert au minimum un bac + 2 (BTS ou DUT) en aéronautique, génie mécanique, logistique... pour devenir technicien. Un bac + 3 (licence professionnelle) permet de se spécialiser davantage. Un poste de responsable nécessite en revanche des compétences plus pointues en management, définition et amélioration des procédures, et donc un bac + 5 (diplôme d'école d'ingénieurs généraliste ou spécialisée en aéronautique ; master en aéronautique ou dans le domaine de la qualité). Pour vendre, acheter, développer la clientèle et réduire les coûts, une double compétence s'impose. Les ingénieurs d'affaires et les acheteurs sont par exemple issus d'une formation en école de commerce ou d'ingénieurs (bac + 5), souvent complétée par un diplôme plus spécialisé (comme un master en achat industriel).

QUELLES FORMATIONS AVEC OU SANS LE BAC ?

Différents bacs mènent aux formations du secteur de l'aéronautique. Certaines sont aussi accessibles sans le bac. Exemples de cursus possibles selon son profil et le projet visé.

Après la 3e

Après la classe de 3e, plusieurs CAP (aéronautique ; composites, plastiques chaudronnés...) permettent d'obtenir en 2 ans un premier niveau de qualification ouvrant à des postes d'opérateur en fabrication ou en maintenance (ajusteur-monteur, chaudronnier, peintre aéronautique...). Il est conseillé, moyennant un bon dossier, d'approfondir sa compétence en poursuivant ensuite en bac professionnel.

Autre possibilité : préparer directement un bac professionnel (aéronautique ; microtechniques ; pilote de ligne de production...) en 3 ans, qui conduit à des postes avec davantage de technicité et d'autonomie. Là encore, la majorité des diplômés poursuivent leurs études, en particulier en BTS, pour gagner en expertise et augmenter leurs chances d'évolution par la suite.

Après un bac professionnel

Les bacheliers professionnels sont chaque année plus nombreux à entrer en BTS. Par exemple, ils sont majoritaires dans le BTS conception et réalisation en chaudronnerie industrielle ou encore en BTS Europlastics et composites. À condition de ne pas négliger les matières générales, ils ont toutes les chances de réussir dans les spécialités en lien avec le programme de leur bac. Le bac pro étude et définition de produits industriels (EDPI) conduit ainsi logiquement au BTS conception et industrialisation en microtechniques.

Quelques bacheliers professionnels optent pour un DUT adapté au secteur. Le niveau dans les enseignements théoriques, en mathématiques notamment, est parfois à renforcer pour réussir dans le cursus suivi.

En revanche, la licence à l'université est moins adaptée à leur profil, car trop théorique. Mieux vaut viser un BTS d'un bon niveau qui ouvrira sur des poursuites d'études.

Après le bac S

Le profil des bacheliers S prépare à intégrer l'ensemble des formations conduisant aux industries aéronautiques et spatiales. Ces candidats sont très majoritaires dans les écoles d'ingénieurs accessibles après le bac. Ils sont en effet armés pour affronter des études supérieures qui exigent un bon bagage dans plusieurs disciplines scientifiques.

Ceux qui préfèrent se laisser le temps d'affiner leur projet peuvent opter pour les classes prépa scientifiques correspondant à leur profil, pour préparer les concours d'entrée des écoles d'ingénieurs.

À l'université, les élèves de terminale S sont également nombreux à s'inscrire dans certaines licences préparant aux masters appréciés dans le secteur (sciences de l'ingénieur, mécanique, 3EA, physique...); là encore, de larges connaissances scientifiques, ainsi qu'un goût pour la théorie, sont nécessaires.

Côté formations supérieures courtes, on les retrouve bien représentés dans les DUT les plus scientifiques (mesures physiques; science et génie des matériaux), moins nombreux en BTS. Ces cursus permettent de rentrer plus vite dans la vie professionnelle.

Après le bac STI2D

Avec leur formation technique et technologique, les bacheliers STI2D ont toute leur place dans les DUT et BTS menant au secteur. Ils sont majoritaires en DUT génie industriel et maintenance, en BTS aéronautique ou conception de produits industriels.

Les élèves de STI2D peuvent aussi postuler dans les écoles d'ingénieurs spécialisées dans un domaine adapté à leur profil (génie industriel, gestion de production, qualité), ou encore rejoindre une classe prépa pour préparer les concours d'entrée des écoles d'ingénieurs.

En licence à l'université, ils ont tout intérêt à rejoindre une mention axée sur les technologies, plus en lien avec les thématiques et l'approche pratique abordées au lycée (mécanique, sciences pour l'ingénieur, 3EA). Il faut un bon niveau dans les différentes matières scientifiques présentes durant les premiers semestres pluridisciplinaires.

5 QUESTIONS AVANT DE SE LANCER

Rejoindre l'aéronautique et le spatial, c'est miser sur un secteur de pointe, avec de réelles chances de réussite. Les repères pour construire son parcours d'études.

Niveau d'études

Du CAP au bac + 8 ?

Absolument ! Dans le secteur aéronautique et spatial, l'emploi est présent à tous les niveaux. Premières clés d'entrée, le CAP et le bac professionnel, respectivement en 2 et 3 ans après la 3e, ouvrent à des postes d'opérateur (ajusteur-monteur ou chaudronnier, par exemple). Cap vers un bac + 2 (BTS ou DUT) ou + 3 (licence professionnelle), pour exercer comme technicien supérieur (dessinateur-projeteur, technicien en électronique...). Un bac + 5 (master ou diplôme d'ingénieur) conduit aux fonctions de responsable ou d'ingénieur (responsable achats, ingénieur propulsion...). Enfin, un bac + 8 (doctorat) est attendu pour des postes dans la recherche. *À noter :* un même métier peut être accessible à différents niveaux d'études. Le technicien de forge et le mécanicien de maintenance peuvent être recrutés avec un bac professionnel ou un BTS. Où se joue alors la différence ? Sur la rémunération, les responsabilités confiées et les évolutions possibles.

Technique

Prêt à décoller ?

Point commun à la quasi-totalité des formations conduisant au secteur aéronautique et spatial : la dimension technique. En plus des apports scientifiques théoriques, les étudiants acquièrent des connaissances professionnelles en aéronautique (cours sur le moteur, la navigation, l'aérodynamique ou encore la mécanique du vol) ou dans un domaine complémentaire. Les nombreux travaux en atelier, les projets et les stages sont l'occasion de passer à la pratique sur des pièces d'aéronefs et sur des installations reproduisant à échelle réduite les usines et les bureaux d'études : conformation des éléments de tôle (pliage, roulage, cintrage) en chaudronnerie, programmation de systèmes de production automatisés en usinage, étude des modifications des matériaux (corrosion, amélioration de la dureté, de l'aspect) ou conception d'aéronefs plus électriques. Les nouvelles technologies sont aussi au cœur de ces cursus : logiciels de dessin, de conception et de fabrication assistés par ordinateur.

© STURTI/ ISTOCK.COM

Apprentissage
Un bon plan ?

Approfondir sa formation théorique et pratique, faire ses premiers pas dans le monde du travail, gagner en confiance, décrocher plus vite un emploi... à tous les niveaux d'études, les atouts de l'apprentissage sont incontestables. Autre intérêt pour ceux qui aspirent à rejoindre les industries aéronautiques et spatiales : faire valoir sur leur CV une connaissance des aéronefs ou des engins spatiaux. Les atouts ? L'apprenti alterne périodes de cours et périodes en entreprise, ses frais de scolarité sont pris en charge et il perçoit une rémunération. Mais cette formule exige une forte motivation, le sens des responsabilités et une capacité à s'adapter rapidement à des environnements différents. Contrairement à un stagiaire, l'apprenti est en effet considéré comme un salarié à part entière, à qui l'on confie des missions valorisantes.

Dossier
Une expérience préalable ?

Du CAP à l'école d'ingénieurs en passant par le BTS, les formations labellisées aéronautique et spatial sont plébiscitées, donc difficiles d'accès. Dans le processus de sélection, le dossier constitue souvent un élément clé. Outre les notes, l'assiduité et les efforts, les jurys portent une attention particulière à la motivation. Celle-ci peut s'appuyer par des lectures, des visites de salons (Le Bourget, par exemple) ou de portes ouvertes d'établissements, un intérêt manifeste pour les métiers du secteur ou un goût pour le bricolage. Une connaissance et une expérience des avions grâce à des stages ou à des cours de pilotage constituent un atout supplémentaire. Autre piste : les collégiens de 3e et les lycéens peuvent passer l'examen du BIA (brevet d'initiation aéronautique) qui valide une culture générale dans le domaine aéronautique.

Spécialisation
Aéronautique à tout prix ?

À chaque niveau de formation, des diplômes « aéronautique » existent : CAP, bac professionnel, BTS, licence professionnelle, master, diplôme d'ingénieur... Bien identifiés par les recruteurs, ils constituent un sésame efficace. Deux constats toutefois : ils ne sont pas dispensés dans beaucoup d'établissements ; la sélection à l'entrée peut se révéler importante compte tenu de l'attrait pour ce secteur. Au-delà, les entreprises recherchent aussi des compétences dans des domaines utiles pour la conception, la production ou la maintenance d'aéronefs : matériaux, informatique embarquée, dessin industriel, réseaux et télécoms. Un diplôme dans ces spécialités ou encore orienté vers la logistique, les achats ou les méthodes industriels pourra ouvrir les portes de l'aérospatial.

LES CAP ET BACS PROFESSIONNELS *à la loupe*

Après la 3e

→ *en 2 ou 3 ans*

Chaudronnerie, montage et assemblage des équipements… plusieurs CAP et bacs professionnels permettent d'accéder à un métier dans l'aéronautique, sans fermer la porte à une poursuite d'études.

DE LA CLASSE AU TERRAIN

Les CAP (certificats d'aptitude professionnelle) et bacs professionnels préparent avant tout à un métier, en 2 ans pour les premiers, en 3 ans pour les seconds. Si les programmes conservent des matières générales (français, mathématiques, sciences, histoire-géographie, langue) comme au collège, ils privilégient les savoirs techniques, l'acquisition des gestes professionnels et la manipulation des outils. Les travaux pratiques en atelier sont au cœur de la formation. Nouveau aussi : les stages en entreprise, environ 7 semaines par an.

POURQUOI PAS L'APPRENTISSAGE ?

Les plus de 16 ans qui souhaitent travailler tout en se formant peuvent préparer le CAP ou le bac professionnel en apprentissage, à condition d'avoir trouvé un employeur. Ils alternent alors périodes de cours en CFA (centre de formation d'apprentis) et travail en entreprise. À la fois élèves et salariés, ils perçoivent une rémunération, variable selon leur âge et l'année de leur apprentissage.

PRINCIPALEMENT APRÈS LA 3E

Les classes de CAP et de 2de professionnelle accueillent majoritairement des élèves issus d'une classe de 3e. L'admission comprend plusieurs étapes : l'étude du dossier scolaire, l'avis du conseil de classe, un entretien avec l'élève et ses parents, et parfois des tests. Il est aussi possible de rejoindre un bac professionnel, le plus souvent en 1re professionnelle, après un CAP, ou une 2de générale et technologique, sur dossier et sous réserve de places disponibles.

INSERTION OU POURSUITE D'ÉTUDES

Si les CAP et bacs professionnels donnent accès à l'emploi (notamment pour des postes d'opérateur et de technicien qualifié), une partie des diplômés décident de compléter leur formation. Avec un bon dossier, les titulaires d'un CAP peuvent préparer un bac professionnel. Les bacheliers professionnels peuvent, eux, poursuivre en MC (mention complémentaire), en BTS, voire en DUT, là encore avec un solide dossier ; ceux ayant obtenu une mention « bien » ou « très bien » sont admis de droit dans un BTS du même domaine.

Repère

Les élèves qui envisagent de s'orienter vers la voie professionnelle peuvent affiner leur projet en suivant une classe de 3e **prépa pro** au sein d'un lycée professionnel.

À savoir

CAP et bac pro aéronautique : ces formations ne sont proposées que dans un nombre limité d'établissements. Sélection à prévoir.

Quels CAP et bacs professionnels pour rejoindre l'aéronautique ?

Un seul CAP est dédié au secteur : le CAP aéronautique. Couvrant bien le secteur, il est apprécié mais n'est proposé que dans une dizaine d'établissements. D'autres CAP permettent de se former à des savoir-faire spécifiques également recherchés par les recruteurs : par exemple, réalisations industrielles en chaudronnerie ou soudage ; composites, plastiques chaudronnés… Du côté des bacs professionnels, deux spécialités apportent une formation assez large : aéronautique ; aviation générale. Là encore, pour répondre aux nombreuses compétences requises dans cette industrie (en mécanique, électronique, matériaux), différents bacs professionnels plus transversaux constituent également des voies d'accès possibles : technicien d'usinage ; maintenance des équipements industriels ; systèmes numériques…

L'apprentissage, une stratégie payante ?

De nombreux CAP et bacs professionnels du secteur offrent la possibilité de se former en apprentissage. Comme les métiers de l'aéronautique nécessitent l'acquisition de gestes techniques, la maîtrise d'outils et la connaissance des machines spécifiques, la formule séduit les recruteurs. Autre avantage : l'apprenti perçoit une rémunération. Reste à se préparer à un rythme de travail soutenu, pour conjuguer le travail en entreprise et l'intégralité des cours en CFA.

Quelle place pour la pratique ?

En CAP comme en bac professionnel, la part réservée aux enseignements professionnels représente un volume important du programme (environ 50 %). Lors des travaux pratiques, dans des ateliers qui reproduisent les conditions d'usinage réelles (maquettes, logiciels…), les élèves apprennent à manier les outils et à effectuer des opérations de fabrication ou de maintenance. Les stages en entreprise complètent ces séquences « métier ». Il faut compter en moyenne 12 semaines sur les 2 années de CAP, et 22 semaines réparties sur les 3 ans du bac professionnel.

Vers une poursuite d'études ?

Les CAP comme les bacs professionnels du secteur permettent l'accès direct à un emploi. Les diplômés du CAP aéronautique, par exemple, peuvent exercer des fonctions en production : ajusteur-monteur, chaudronnier, soudeur… Conseillée, la poursuite d'études en bac professionnel reste fréquente. Le CAP aéronautique, par exemple, conduit très logiquement au bac professionnel du même nom. L'objectif : approfondir ses connaissances techniques et parfaire son degré d'expertise. Pour les titulaires d'un bac professionnel, seuls les meilleurs élèves peuvent espérer obtenir une place dans l'un des BTS du secteur. En jeu ? Un niveau de responsabilités accru et un plus large éventail de débouchés.

CAP aéronautique

OÙ ?

Option avionique : 3 établissements, dont 1 avec apprentissage. Option structure : 7 établissements, dont 4 avec apprentissage. Option systèmes : 2 établissements, dont 1 avec possibilité de formation par apprentissage.

AU PROGRAMME

La formation s'appuie sur des enseignements technologiques et pratiques communs aux trois options (avionique, structure, systèmes). Ce socle de connaissances permet de comprendre comment est construit un avion et comment il fonctionne, techniquement. Les cours portent sur la construction aéronautique, la mécanique, la technologie des aéronefs... Les travaux pratiques en atelier sont l'occasion pour les élèves d'apprendre à utiliser les outils (scie à ruban, perceuse...) et d'acquérir la maîtrise des gestes professionnels. Ils effectuent des opérations d'assemblage et de réparation. Les trois options (l'élève choisit dès le début) se distinguent par des savoir-faire plus spécifiques : réalisation de câblage, intégration de systèmes électriques pour l'option avionique ; montage, démontage d'éléments d'aéronefs, fabrication de pièces pour l'option structure ; opérations de maintenance pour l'option systèmes. Côté matières générales : mathématiques, sciences physiques, histoire-géographie, langue...

ET APRÈS ?

Insertion comme ajusteur-monteur, mécanicien de maintenance, mécanicien aérostructure, monteur-câbleur... Poursuite d'études conseillée en bac pro aéronautique (trois options) ; maintenance des équipements industriels ; systèmes numériques.

Prime à la pratique

Joël Feret,
enseignant en aéronautique
au lycée Marcel Callo de Redon (35)

« Avec 11 à 12 heures d'atelier par semaine, les TP (travaux pratiques) sont au cœur de la formation. Notre objectif est de préparer les élèves au métier d'ajusteur-monteur, chargé du montage de structures d'avion. Ces TP sont axés sur la découverte et la maîtrise des techniques d'assemblage, avec une mise en situation professionnelle qui permet aux élèves de travailler sur de petits sous-ensembles. Les élèves se servent des outils, des établis et des étaux mis à leur disposition, en atelier, afin de réaliser des opérations comme le perçage, le montage, tout en s'initiant au dessin industriel. Ils apprennent également à lire un plan technique et à le "traduire" en vision 3D. Pour compléter cet apprentissage pratique, nous favorisons les visites d'entreprises. C'est un excellent moyen pour visualiser un métier et le contexte dans lequel il s'exerce. »

CAP composites, plastiques chaudronnés

Où ? Dans 15 établissements, dont 7 avec possibilité de formation par apprentissage.

Au programme. Ce cursus forme aux opérations de chaudronnerie des plastiques nécessaires pour produire des pièces à l'unité ou en petites séries, notamment pour le secteur aéronautique. Les travaux pratiques et la technologie (environ 18 heures par semaine) permettent aux élèves de se former aux principales techniques de fabrication (manuelles ou semi-automatisées). En atelier, ces derniers s'essayent au traçage, à la découpe, au formage à chaud et à froid, jusqu'à l'assemblage, l'usinage et la finition des pièces. Ils découvrent aussi les diverses techniques de moulage.

Et après ? Insertion comme stratifieur, mouleur-stratifieur, chaudronnier... Poursuite d'études conseillée en bac pro plastiques et composites.

CAP peinture en carrosserie

Où ? Dans 160 établissements, dont 110 avec possibilité de formation par apprentissage.

Au programme. L'objectif est de former des spécialistes pouvant exercer dans les ateliers des constructeurs et réparateurs de carrosserie industrielle. Ceux-ci peuvent être amenés à travailler sur du matériel aéronautique. Le volet dédié à la pratique et aux techniques professionnelles permet aux élèves de réaliser, en atelier, des activités concrètes : traitement de surfaces, ponçage, préparation et application de la peinture, finition, entretien et nettoyage.

Et après ? Insertion comme peintre, peintre coloriste. Poursuite d'études conseillée en bac pro traitements des matériaux ; construction des carrosseries.

CAP préparation et réalisation d'ouvrages électriques

Où ? Dans 411 établissements, dont 137 avec possibilité de formation par apprentissage.

Au programme. Ce cursus forme des spécialistes capables de réaliser des équipements et des installations électriques, mais aussi d'en assurer la maintenance. Il s'agit d'apprendre à mettre en place les matériels, à raccorder les appareils... Les enseignements professionnels, sur des plateaux techniques, permettent aux élèves d'effectuer les opérations en lien direct avec leur futur métier : câblage, essais et mesures, dessin technique ou schémas.

Et après ? Insertion comme électricien, monteur électricien. Poursuite d'études conseillée en bac pro MELEC ; systèmes numériques...

CAP réalisations industrielles en chaudronnerie ou soudage (RICS)

Où ? Dans 122 établissements pour la 1re année commune, dont 51 avec possibilité de formation par apprentissage.

Au programme. En 1re année, cette formation (ex-réalisation en chaudronnerie industrielle) dispense un socle d'enseignements communs aux deux options : connaissance des matériaux, surfaces et volumes d'un ouvrage, modélisation numérique en 3D, procédés de découpe... En 2de année, les élèves approfondissent, en atelier, la pratique dans la spécialité choisie : réalisation et assemblage d'un ouvrage (chaudronnerie) ; soudure d'éléments métalliques (soudage).

Et après ? Insertion comme chaudronnier, chaudronnier-soudeur ou soudeur. Avec un bon dossier, poursuite d'études en bac pro technicien en chaudronnerie industrielle.

Bac pro aéronautique

OÙ ?

Option avionique : 14 établissements, dont 8 avec possibilité de formation par apprentissage. Option structure : 20 établissements, dont 14 avec possibilité de formation par apprentissage. Option systèmes : 28 établissements, dont 13 avec possibilité de formation par apprentissage.

AU PROGRAMME

Déclinée en trois options (avionique, structure, systèmes), la formation propose un socle d'enseignements communs (environ la moitié des cours). Elle vise l'acquisition des connaissances indispensables en aéronautique : le fonctionnement d'un avion, les aspects mécaniques, structurels, hydrauliques, pneumatiques... Organisés en travaux pratiques en atelier, les enseignements professionnels permettent aux élèves de s'essayer au montage et au démontage, sur des éléments d'un avion, d'effectuer des essais et des réglages ou d'apprendre à exploiter une documentation technique. Chaque spécialité oriente, dès la 1re année, vers un domaine d'expertise : l'entretien et l'installation de faisceaux électriques et d'instrumentations des aéronefs (poste de pilotage) pour l'option avionique ; l'intervention sur les éléments structurels d'un avion (la « carrosserie ») pour l'option structure ; l'entretien et la réparation d'ensembles et de sous-ensembles (moteurs, trains d'atterrissage...) pour l'option systèmes.

ET APRÈS ?

Insertion comme technicien de maintenance, mécanicien-monteur. Avec un très bon dossier, poursuite d'études en BTS aéronautique ; MC aéronautique option avionique.

Comment choisir son option ?

Nicolas Jean,
directeur délégué aux formations professionnelles et technologiques au lycée Saint-Exupéry de Blagnac (31)

« Le choix d'une spécialité ne signifie pas que certains débouchés seront fermés, car les frontières sont poreuses. Il est important, en revanche, qu'un élève cerne son "profil", en termes d'intérêt manuel, qu'il s'interroge sur la façon dont il aime bricoler... L'avionique induit une dominante en électricité, en électronique, avec des formules électriques à maîtriser, de la manipulation fine. Un jeune qui trouve de l'intérêt à démonter et remonter des pièces, qui s'intéresse à la mécanique, sera sans doute davantage destiné à l'option structure. Nous organisons des visites d'entreprises dès la rentrée. Pour les jeunes, c'est très parlant de voir un professionnel en train de travailler. »

Bac pro aviation générale

OÙ ?

Dans 4 établissements, dont 2 avec possibilité de formation par apprentissage.

AU PROGRAMME

L'objectif de ce cursus est de former des spécialistes de la maintenance des aéronefs. Les élèves acquièrent les connaissances générales préalables : ils se familiarisent avec la technologie et l'électricité générale de l'avion, la mécanique, l'avionique digitale, le moteur, les circuits, la structure ou encore l'aérodynamique d'un avion. Les travaux pratiques, eux, favorisent la mise en applic ation et l'acquisition des gestes professionnels. Cet apprentissage s'organise en atelier, en travaillant en petits groupes sur de petits avions. Les élèves commencent par changer des roues et des freins, avant d'intervenir sur des pannes réelles. Ils sont amenés à effectuer les différentes opérations de maintenance : recherches et diagnostics, réparations, tests/contrôles. Autre volet important : ils s'entraînent à exploiter une documentation technique en anglais, une compétence à acquérir dans ce secteur. Les matières générales complètent le programme : français, histoire-géographie, mathématiques, sciences et langue...

ET APRÈS ?

Insertion comme technicien de maintenance aéronautique (mécanicien révision, monteur-essayeur). Avec un très bon dossier, poursuite d'études en BTS aéronautique.

Bac pro fonderie

Où ? Dans 10 établissements, dont 8 avec possibilité de formation par apprentissage.

Au programme. Ce cursus prépare aux fonctions de technicien amené à travailler dans des services de production de pièces en petites ou en grandes quantités. L'enseignement professionnel comprend des heures en atelier durant lesquelles les élèves se forment aux techniques spécifiques de la fonderie : préparation de la production (matériel), production de moules en élaborant des alliages (cuivre, zinc, fer...) pour créer des pièces. Un matériel adapté est mis à disposition : fours, laboratoires de contrôle des matériaux...

Et après ? Insertion comme mouleur, technicien de forge... Avec un très bon dossier, poursuite d'études en BTS fonderie.

Bac pro maintenance des équipements industriels (MEI)

Où ? Dans 451 établissements, dont 113 avec possibilité de formation par apprentissage.

Au programme. Ce cursus forme des techniciens de maintenance d'un service de production industrielle, aptes à préparer et à réaliser une action de maintenance sur un équipement mécanique. L'enseignement professionnel comprend des activités en atelier. Les élèves effectuent des opérations de câblage (électrique, hydraulique ou pneumatique). Ils manient les outils (perceuse, tour...) et découvrent les techniques de traçage, de soudage...

Et après ? Insertion comme mécanicien ou technicien de maintenance. Avec un très bon dossier, poursuite d'études en BTS maintenance des systèmes.

Bac pro métiers de l'électricité et de ses environnements connectés (MELEC)

Où ? Dans 724 établissements, dont 146 avec possibilité de formation par apprentissage.

Au programme. Ce cursus prépare à la réalisation, à la mise en service et à la maintenance d'installations électriques (équipements industriels, industries connectées et cyber-sécurisées). Les travaux pratiques permettent aux élèves d'apprendre à installer, à câbler et à raccorder les matériels électriques. Ils effectuent les contrôles nécessaires sur les installations réalisées en atelier.

Et après ? Insertion comme électricien et électrotechnicien dans des services de production industrielle. Avec un très bon dossier, poursuite d'études en BTS électrotechnique ; systèmes numériques...

Bac pro microtechniques

Où ? Dans 39 établissements, dont 1 avec possibilité de formation par apprentissage.

Au programme. La formation est centrée sur la fabrication et le montage d'appareils miniaturisés, caractérisés par l'utilisation simultanée de différentes technologies intégrées (optique, mécanique, électricité, électronique...). La pratique en atelier, importante, permet aux élèves d'effectuer des opérations de fabrication, d'assemblage et de réglage des constituants des appareils, mais aussi des activités de maintenance et de réparation.

Et après ? Insertion comme technicien microtechniques. Avec un très bon dossier, poursuite d'études en BTS conception et industrialisation en microtechniques ; conception des processus de réalisation de produits...

Bac pro pilote de ligne de production

Où ? Dans 82 établissements, dont 57 avec possibilité de formation par apprentissage.

Au programme. L'objectif de ce bac professionnel est de former des responsables de lignes de production automatisées ou semi-automatisées. Le travail en atelier permet aux élèves de s'exercer, avec des maquettes en taille réelle, à la configuration et au réglage de la ligne, à sa conduite et à son contrôle. Il s'agit également d'apprendre à diagnostiquer d'éventuelles pannes pour apporter rapidement une solution technique, à un premier niveau.

Et après ? Insertion comme pilote de ligne de production. Avec un très bon dossier, poursuite d'études en BTS conception et réalisation de systèmes automatiques ; maintenance des systèmes...

Bac pro plastiques et composites

Où ? Dans 45 établissements, dont 21 avec possibilité de formation par apprentissage.

Au programme. Ce cursus prépare à la réalisation d'une production ou d'une fabrication mettant en œuvre des matériaux thermoplastiques ou composites. Les élèves sont formés aux techniques manuelles et semi-automatisées permettant d'obtenir certains produits en matériaux plastiques ou composites. Les enseignements professionnels concernent les techniques de production (procédés, techniques d'assemblage...), les outillages et périphériques, et notamment leur maintenance.

Et après ? Insertion comme technicien d'atelier, monteur-régleur. Avec un très bon dossier, poursuite d'études en BTS Europlastics et composites ; CQPM assembleur composites aéronautique.

Bac pro systèmes numériques, option RISC

Où ? Dans 225 établissements, dont 28 avec possibilité de formation par apprentissage.

Au programme. Ce bac professionnel (qui remplace le bac pro systèmes électroniques numériques) forme des techniciens spécialisés dans l'installation et la maintenance de systèmes électroniques numériques, notamment dans le domaine de l'électronique industrielle embarquée. Dans la spécialité RISC (réseaux informatiques et systèmes communicants), bien adaptée au secteur aéronautique, les élèves s'initient au câblage et au paramétrage d'automates programmables, de systèmes domotiques...

Et après ? Insertion comme monteur-câbleur, technicien de maintenance. Avec un très bon dossier, poursuite d'études en BTS services informatiques aux organisations ; systèmes numériques.

Bac pro technicien en chaudronnerie industrielle

Où ? Dans 217 établissements, dont 92 avec possibilité de formation par apprentissage.

Au programme. Ce bac professionnel dispense les connaissances techniques propres à la chaudronnerie industrielle (réalisation d'ouvrages en acier, en alliages légers ou en matériaux composites). L'enseignement professionnel met en œuvre des activités pratiques en atelier : les élèves se forment aux techniques de la conformation des éléments de tôle (pliage, roulage, cintrage...) et d'assemblage (soudage, rivetage, collage...).

Et après ? Insertion comme chaudronnier, chaudronnier-soudeur. Avec un très bon dossier, poursuite d'études en BTS conception et réalisation en chaudronnerie industrielle.

La chaudronnerie en mode projet

Alain Terrenoire,
chef des travaux au lycée Édouard Vaillant de Saint-Junien (87)

« La formation privilégie le travail en mode projet dès la 1re, puis en terminale. Les élèves interviennent pour des entreprises extérieures, sur la base d'un cahier des charges réel. Dans le cadre d'un partenariat avec une association qui refait des avions, "Les ailes limousines", ils ont travaillé sur la structure tubulaire de certains appareils, sur des éléments de châssis par exemple. Le lycée dispose d'un atelier de chaudronnerie équipé de plieuses, de rouleuses. Les élèves sont également formés aux nouveaux outils, plus modernes, et notamment à la chaîne numérique. En chaudronnerie, on utilise désormais des logiciels de FAO (fabrication assistée par ordinateur) pour le traçage, le découpage (découpeur plasma numérique). Les innovations technologiques ont fait évoluer le métier, qui n'est plus aussi pénible et qui s'ouvre aux femmes. »

Bac pro technicien d'usinage

Où ? Dans 261 établissements, dont 86 avec possibilité de formation par apprentissage.

Au programme. Objectif: maîtriser les machines-outils à commande numérique utilisées en production. Les élèves sont formés à la mécanique, au dessin industriel, aux systèmes de FAO (fabrication assistée par ordinateur), au suivi de systèmes de production automatisée (banc de préréglage, centre d'usinage...). Les travaux en atelier permettent de simuler des opérations d'usinage réelles: préparation et programmation de la commande numérique, vérification de la pièce usinée.

Et après ? Insertion comme technicien d'usinage/conducteur de machines à commande numérique. Avec un très bon dossier, poursuite d'études en BTS conception des processus de réalisation de produits; conception des produits industriels; maintenance des systèmes.

Bac pro technicien outilleur

Où ? Dans 43 établissements, dont 19 avec possibilité de formation par apprentissage.

Au programme. Ce bac professionnel forme des techniciens spécialistes de la fabrication des outillages (matrices, moules...). En bureau des méthodes, puis en atelier, les élèves sont mis en situation autour de projets concrets: ils s'exercent à la conception et à la fabrication des outillages à l'aide de logiciels spécifiques. Ils apprennent à maîtriser différentes machines à commande numérique (fraisage, tournage, électro-érosion) et à contrôler les outillages.

Et après ? Insertion comme technicien outilleur ou « mouliste ». Avec un très bon dossier, poursuite d'études en BTS conception des processus de réalisation de produits.

→ Et aussi

Les mentions complémentaires

Qu'elle se prépare après un CAP ou après un bac professionnel du secteur, la MC (mention complémentaire) apporte une qualification supplémentaire pour s'insérer dans la vie active. Elle répond souvent à une nécessité d'approfondissement des compétences techniques exigées ou appréciées en entreprise. La formation, qui dure une année, alterne cours en établissement et immersion en milieu professionnel (stages ou apprentissage).

- Une MC s'inscrit directement dans la continuité du bac pro aéronautique: la **MC aéronautique.** Celle-ci comprend cinq options: avionique; avions à moteurs à pistons; avions à moteurs à turbines; hélicoptères à moteurs à turbines; hélicoptères à moteurs à pistons (option non ouverte tous les ans). Cette formation permet une spécialisation en maintenance et un approfondissement des connaissances dans l'option choisie.

- De son côté, la **MC technicien en soudage** (ancienne MC soudage, qui était jusqu'à présent accessible après un CAP) s'adresse plus particulièrement aux titulaires d'un bac pro technicien en chaudronnerie industrielle, technicien d'usinage, technicien outilleur... L'objectif est de permettre l'acquisition de compétences pointues en soudure, recherchées par les entreprises du secteur.

- La **MC technicien en chaudronnerie aéronautique et spatiale** est mise en place à la rentrée 2017, avec une première session en 2018.

LES CERTIFICATIONS PROFESSIONNELLES à la loupe

Outre les formations initiales, des certifications professionnelles donnent accès aux industries aéronautiques et spatiales. Ciblées, elles forment des ouvriers et techniciens qualifiés pour répondre aux attentes des entreprises.

Accès à différents niveaux

→ durée variable

TITRES PROFESSIONNELS

Les titres professionnels relèvent du ministère chargé de l'Emploi et se préparent en général dans les centres de l'Afpa (Association pour la formation professionnelle des adultes). Quelques exemples intéressent le secteur aéronautique : agent de montage et de câblage en électronique ; monteur de structures aéronautiques métalliques et composites ; opérateur composites hautes performances.

CERTIFICATS DE QUALIFICATION PROFESSIONNELLE

Créés par une ou plusieurs branches professionnelles, les CQP (certificats de qualification professionnelle) sont reconnus par les entreprises d'un secteur. Plusieurs CQP de la branche métallurgie (CQPM) concernent les industries aéronautiques et spatiales : ajusteur-monteur de structures aéronefs ; assembleur composites aéronautique ; chaudronnier aéronautique... Ils sont dispensés dans divers organismes de formation, dont des centres Afpa.

PUBLICS ET OBJECTIFS VARIÉS

Jeunes avec ou sans qualifications en contrat de professionnalisation, demandeurs d'emploi, salariés et intérimaires... ces formations s'adressent à différents publics. Elles peuvent en effet servir à compléter un diplôme de base (un CAP, par exemple), à se spécialiser, à s'adapter à un nouveau poste de travail, aux évolutions technologiques, voire à changer d'orientation professionnelle.

CAP SUR UN MÉTIER PRÉCIS

Très concrètes, ces certifications ont la particularité de préparer à un métier précis et répondent aux besoins des entreprises. De durée variable (de 350 heures à plus de 900 heures), elles s'organisent généralement en modules répartis sur plusieurs mois. La partie théorique est complétée par des travaux pratiques ou par une mise en situation réelle en entreprise (sous contrat de professionnalisation pour certains CQP). La sélection se fait sur dossier, entretien, tests parfois ; un niveau d'études et/ou des savoirs de base peuvent être requis. Une session finale d'examen valide les connaissances et compétences acquises.

Repère

Les titres professionnels attestent une compétence et un **niveau de qualification certifié** par l'inscription au RNCP (Répertoire national des certifications professionnelles).

LES BTS *à la loupe*

Après le bac

→ en 2 ans

Un seul BTS est dédié à l'aéronautique; les autres recouvrent l'électrotechnique, la maintenance, le traitement des matériaux... Des spécialités qui intéressent aussi les industries aéronautiques et spatiales.

PLANÈTE MÉTIERS

Objectif des BTS (brevets de technicien supérieur): rendre les diplômés immédiatement opérationnels. Les enseignements professionnels occupent la moitié de l'emploi du temps en 1re année, les deux tiers en 2de année. S'y ajoutent jusqu'à 16 semaines de stage en entreprise. Le reste est dédié aux matières générales (français, langues, mathématiques, économie...). Certains établissements proposent la formation en apprentissage.

AMBIANCE LYCÉE

Les étudiants retrouvent en STS (section de techniciens supérieurs) un cadre familier: le lycée le plus souvent, avec des classes de 15 à 30 élèves, une trentaine d'heures de cours par semaine et une assiduité contrôlée. Cours et travaux en groupes, devoirs et projets à rendre: le rythme de travail est soutenu. Si les frais de scolarité sont gratuits dans le public, ils peuvent être élevés dans certains établissements privés.

ADMISSION SUR DOSSIER

Les candidatures se font sur le portail APB. La sélection par les établissements repose sur les bulletins de 1re et de terminale et, parfois, des tests de niveau ou un oral. Une lettre de motivation peut être jointe au dossier scolaire. Les titulaires d'un bac professionnel ou technologique obtenu avec une mention «bien» ou «très bien» sont admis de droit dans une spécialité cohérente avec leur bac.

EXAMEN FINAL

Pour obtenir son BTS, il faut réussir un examen national en fin de 2de année, intégrant une part de contrôle continu. Un conseil: ne pas négliger les matières générales qui comptent parfois autant que les disciplines professionnelles.

S'INSÉRER OU POURSUIVRE

Avec des entreprises demandeuses de techniciens à bac+2, l'insertion sur le marché de l'emploi est au rendez-vous. Cependant, la majorité des diplômés de BTS poursuivent leurs études en licence professionnelle ou en école d'ingénieurs ou en licence pour obtenir un master. Sélection sur dossier et/ou examen et entretien.

Repère

Un quota de places, fixé par chaque académie, est réservé aux bacheliers professionnels dans les BTS.

À savoir

Des classes **prépa ATS (adaptation technicien supérieur)** ingénierie industrielle, en 1 an après un BTS ou un DUT, préparent des élèves très motivés à l'admission dans certaines écoles d'ingénieurs.

Quels BTS pour rejoindre l'aéronautique et le spatial ?

Comme le souligne son intitulé, le BTS aéronautique est tout indiqué pour se préparer aux métiers du secteur. En plus des savoirs industriels de base en conception et production, il apporte des connaissances techniques spécifiques aux aéronefs (motorisation, aérodynamique, systèmes embarqués...) et à la réglementation aérienne sans oublier les stages obligatoirement effectués dans l'aéronautique. Cette spécialité n'est toutefois dispensée que dans peu d'établissements. Cependant, d'autres BTS, formant à divers secteurs d'activité constituent aussi des portes d'entrée pour travailler dans le milieu des aéronefs et des engins spatiaux. Certains préparent à intervenir à une étape de la chaîne, par exemple en conception et études (CPI), en organisation de la production (CPRP) ou en maintenance (MS). D'autres forment des spécialistes d'une technologie, capables d'exercer en conception, essais, fabrication, maintenance ou qualité. Il peut s'agir des appareils miniaturisés (CIM), des automatismes (CRSA), de l'énergie électrique (électrotechnique), des matières plastiques et composites (EC), des logiciels (SN) ou encore des matériaux (TM). Comment faire son choix ? En fonction de ses goûts et des besoins des entreprises. Les savoir-faire en chaudronnerie, tôlerie et fonderie (BTS CRSI et fonderie) sont par exemple très recherchés, les industries faisant face à une pénurie de main-d'œuvre. *Retrouvez tous ces diplômes dans les pages suivantes.*

Quelle place pour la pratique ?

Dans la spécialité aéronautique, des avions servent souvent de supports pour les TP (travaux pratiques). Plus généralement, l'étude de systèmes techniques et la réalisation de prototypes passent aussi par l'utilisation d'outils et de machines. En chaudronnerie, fonderie, traitement des matériaux et des matières composites, les étudiants utilisent des fours, découvrent des techniques spécifiques : découpage, pliage, polissage... Indispensable, la maîtrise des nouvelles technologies est aussi au cœur de ces formations : logiciels de dessin, de conception et de fabrication assistés par ordinateur, imprimantes 3D.

Poursuivre ses études, un bon plan ?

À l'issue de ces BTS, les perspectives d'emploi sont importantes, avec un taux d'emploi proche des 100 % pour la spécialité aéronautique. Ceux qui aspirent à acquérir des connaissances en aéronefs ou à se spécialiser davantage, dans la qualité ou les systèmes embarqués par exemple, ont tout intérêt à poursuivre en licence professionnelle. En plus d'une technicité accrue, ils obtiendront des compétences supplémentaires en management et en gestion de projet. Ceux qui, avec un bon dossier, désirent gagner en responsabilités peuvent tenter d'intégrer une école d'ingénieurs par la voie des admissions parallèles (sur concours ou dossier), après une prépa ATS ou non.

BTS aéronautique

POUR QUI ?

Les bacheliers S, STI2D et les élèves de bac professionnel industriel, notamment aéronautique, qui ont de bons résultats ; quelques titulaires d'une mention complémentaire en aéronautique.

OÙ ?

Dans 14 établissements, dont 7 avec possibilité de formation par apprentissage.

AU PROGRAMME

Cette formation associe des savoirs industriels (conception, gestion de production) et des connaissances en aéronautique (compréhension des systèmes, de l'assemblage, de la maintenance d'un aéronef, réglementation aérienne). Les cours technologiques portent sur le moteur, la navigation, l'aérodynamique ou encore la mécanique du vol. À cela s'ajoutent l'élaboration de documents techniques, la préparation d'outillages, l'estimation des coûts de production, la gestion d'un planning, le diagnostic des non-conformités... Lors des travaux pratiques, les élèves s'exercent sur des avions et des hélicoptères. Durant leur stage de 1re année, ils sont intégrés dans une équipe chargée de l'assemblage ou de la maintenance d'aéronefs.

ET APRÈS ?

Accès au métier de technicien supérieur en conception, essais, fabrication, qualité ou encore relation clients chez des constructeurs d'aéronefs, des équipementiers, dans des entreprises de maintenance ou des bureaux de méthodes. Poursuite d'études en licence professionnelle (systèmes embarqués, qualité...), en école d'ingénieurs ou en licence sciences pour l'ingénieur.

Passionnés et bricoleurs

Oliver Brun,
responsable du BTS aéronautique
au lycée polyvalent du Grésivaudan à Meylan (38)

« Notre BTS aéronautique, qui a ouvert cette année, a accueilli des bacheliers STI2D, des bacheliers S (la spécialité SI étant la plus appropriée), et deux bacheliers professionnels en aéronautique. Nous avons eu une centaine de candidatures pour seulement 15 places. Lors de la sélection sur dossier, nous recherchons des candidats motivés et qui manifestent une certaine passion pour l'aéronautique, notamment en allant aux salons, en prenant des cours de pilotage, en pratiquant des activités connexes comme les avions radiocommandés. On apprécie aussi les élèves qui s'intéressent à la mécanique, qui aiment bricoler des scooters par exemple, car c'est important pour la compréhension des systèmes. Il faut avoir au moins 12,5-13 sur 20 de moyenne et être prêt à travailler. Les résultats en anglais jouent aussi un rôle, car cette langue est très importante dans l'aéronautique. Dans l'emploi du temps du BTS, elle représente 4 heures de cours par semaine. »

BTS assistance technique d'ingénieur (ATI)

Pour qui ? Les bacheliers STI2D, S, STMG, ES, les bacheliers pro MEI, EDPI, MELEC...

Où ? Dans 66 établissements, dont 40 avec possibilité de formation par apprentissage.

Au programme. L'enseignement technique reste polyvalent : construction mécanique, construction électrique, automatisme, informatique industrielle, étude des systèmes techniques. L'accent est aussi mis sur la gestion de projet et la communication.

Et après ? Accès au métier d'assistant technique d'un ingénieur ou d'un chef d'équipe dans les services méthodes, production ou maintenance. Poursuite d'études en licence professionnelle (production industrielle), en licence ou en école d'ingénieurs.

BTS conception des processus de réalisation de produits (CPRP)

Pour qui ? Les bacheliers STI2D, S, les bacheliers pro en mécanique.

Où ? Dans 132 établissements, dont 80 avec possibilité de formation par apprentissage.

Au programme. En pré-industrialisation des produits, les élèves apprennent à concevoir un produit, à créer et à choisir les outillages. En industrialisation, ils étudient la réalisation des pièces, la fabrication assistée par ordinateur, la gestion de production, l'optimisation des coûts, la démarche qualité.

Et après ? Accès au métier de technicien en méthodes, gestion de production, essais. Poursuite d'études en licence professionnelle (gestion de production, technico-commercial...) ou en école d'ingénieurs.

BTS conception des produits industriels (CPI)

Pour qui ? Les bacheliers S, STI2D, les bacheliers pro à dominante technologique.

Où ? Dans 102 établissements, dont 41 avec possibilité de formation par apprentissage.

Au programme. Des cours d'électrotechnique, de construction mécanique, d'étude des comportements des systèmes techniques et d'industrialisation des produits. L'accent est mis sur le travail en équipe, le dessin et les nouvelles technologies : logiciels de conception assistée par ordinateur, imprimante 3D.

Et après ? Accès au métier de technicien en bureau d'études en charge de la création ou de la modification de produits. Poursuite d'études en licence professionnelle (production industrielle, maintenance des systèmes...) ou en école d'ingénieurs.

BTS conception et industrialisation en microtechniques (CIM)

Pour qui ? Les bacheliers S, STI2D, les bacheliers pro EDPI, microtechniques.

Où ? Dans 31 établissements, dont 5 avec possibilité de formation par apprentissage.

Au programme. Côté technique : cours de conception, de modélisation, de design, de mécatronique, d'intégration de microsystèmes. Les élèves apprennent ainsi à concevoir (réalisation de prototypes), modifier, réparer un produit industriel de petites dimensions, à définir le processus de production.

Et après ? Accès au métier de microtechnicien spécialisé dans les appareils miniaturisés et pluritechnologiques. Poursuite d'études en licence professionnelle (production industrielle, par exemple), en licence ou en école d'ingénieurs.

BTS conception et réalisation de systèmes automatiques (CRSA)

Pour qui ? Les bacheliers STI2D, S, les bacheliers pro MEI, MELEC…

Où ? Dans 131 établissements, dont 40 avec possibilité de formation par apprentissage.

Au programme. Les étudiants découvrent toutes les étapes de la conception à la réalisation d'une machine automatisée : travail de conception sur ordinateur, dimensionnement, programmation, validation par simulation, choix de composants (capteurs, automates…).

Et après ? Accès au métier de technicien spécialiste des automatismes en bureau d'études, maintenance industrielle, essais… Poursuite d'études en licence professionnelle (production industrielle, maintenance…), en licence ou en école d'ingénieurs.

BTS conception et réalisation en chaudronnerie industrielle (CRCI)

Pour qui ? Les bacheliers STI2D, S, les bacheliers pro technicien en chaudronnerie industrielle.

Où ? Dans 65 établissements, dont 49 avec possibilité de formation par apprentissage.

Au programme. L'enseignement professionnel regroupe la chaudronnerie, la tôlerie et la tuyauterie. Les méthodes de calcul et les dessins assistés par ordinateur servent à élaborer des plans et des procédés de fabrication. La réalisation de produits passe par l'acquisition des techniques de découpage, pliage et soudage.

Et après ? Accès au métier de technicien chaudronnier. Poursuite d'études en licence professionnelle (matériaux, structures métalliques…) ou en école d'ingénieurs ou spécialisée (Institut de soudure).

BTS électrotechnique

Pour qui ? Les bacheliers STI2D, S, les bacheliers pro MELEC.

Où ? Dans 242 établissements, dont 113 avec possibilité de formation par apprentissage.

Au programme. La formation est centrée sur l'énergie électrique et son utilisation (production, distribution, équipements communicants, automatismes). Au menu : sciences appliquées, génie électrique, essais de systèmes, construction des structures matérielles appliquée à l'électrotechnique, gestion de chantiers d'installation de réseaux électriques.

Et après ? Accès aux métiers d'électrotechnicien, de technicien de maintenance ou de technicien d'essais. Poursuite d'études en licence professionnelle (énergie, électronique, technico-commercial), en licence ou en école d'ingénieurs.

BTS Europlastics et composites (EC)

Pour qui ? Les bacheliers S, STI2D, STL, les bacheliers pro plastiques et composites ou industriels.

Où ? Dans 33 établissements, dont 26 avec possibilité de formation par apprentissage.

Au programme. Les élèves étudient le processus de production des matières plastiques et composites : procédés de transformation, outillages, démarche qualité… Autre objectif : apprendre à améliorer la fabrication et le produit grâce à la conception assistée par ordinateur, à la rhéologie (déformations et écoulement de la matière).

Et après ? Accès au métier de technicien plasturgiste. Poursuite d'études en licence professionnelle (matériaux, plasturgie, qualité…) ou en école d'ingénieurs.

BTS fonderie

Pour qui ? Les bacheliers STI2D, les bacheliers pro fonderie, des bacheliers S.

Où ? Dans 7 établissements, avec possibilité de formation par apprentissage.

Au programme. Une place importante est accordée à la physique, à la chimie des matériaux, aux mathématiques. La partie technologique comprend l'étude des fours de fusion, de l'élaboration des alliages, des techniques de réalisation et d'utilisation des moules... Sans oublier le contrôle qualité.

Et après ? Accès aux métiers de technicien en traitement des matériaux, de technicien méthodes en fonderie ou de technicien d'essais en laboratoire. Poursuite d'études en licence professionnelle (métallurgie, production industrielle...) ou en école d'ingénieurs (École supérieure de fonderie et de forge notamment).

BTS maintenance des systèmes (MS)

Pour qui ? Les bacheliers pro MELEC, MEI, les bacheliers STI2D, S.

Où ? Option A : dans 200 établissements ; option B : dans 43 établissements.

Au programme. Objectif : former des spécialistes de la maintenance (entretien, diagnostic, réparation, organisation). Les enseignements sont pluritechnologiques : automatique, mécanique, électrotechnique, hydraulique. Les options systèmes de production (A) et systèmes énergétiques et fluidiques (B) intéressent l'aéronautique.

Et après ? Accès au métier de technicien de maintenance. Poursuite d'études en licence professionnelle (maintenance, gestion de production...), en licence ou en école d'ingénieurs.

BTS systèmes numériques (SN)

Pour qui ? Les bacheliers STI2D, S (SI), les bacheliers pro SN.

Où ? Option A : dans 143 établissements ; option B : dans 124 établissements.

Au programme. En informatique et réseaux (A) : découverte des applications logicielles pour la production et la conception, des systèmes embarqués, de la programmation... En électronique et communications (B) : étude des systèmes associant l'électronique à d'autres technologies (mécanique, par exemple) : programmation de composants, réalisation de cartes électroniques...

Et après ? Accès au métier de technicien télécoms et réseaux. Poursuite d'études en licence professionnelle (électronique, instrumentation...), en licence ou en école d'ingénieurs ou d'informatique.

BTS traitement des matériaux (TM)

Pour qui ? Les bacheliers S, STI2D, STL, les bacheliers pro traitements des matériaux.

Où ? Option A : dans 9 établissements ; option B : dans 7 établissements.

Au programme. L'accent est mis sur les sciences physiques appliquées et les sciences et techniques industrielles. En traitement thermique (A) : étude des transformations des matériaux métalliques (résistance, élasticité...) dans des fours. En traitement de surface (B) : modifications des matériaux (corrosion, amélioration de la dureté, de l'aspect) par des techniques de revêtement, polissage...

Et après ? Accès au métier de technicien en traitement des matériaux. Poursuite d'études en licence professionnelle (métallurgie, production industrielle...) ou en école d'ingénieurs (en matériaux, fonderie et forge).

LES DUT *à la loupe*

Après le bac
→ en 2 ans

Si aucun DUT ne concerne directement l'aéronautique, plusieurs spécialités (matériaux, énergie, logistique...) peuvent mener à ce secteur. Des formations qui constituent le plus souvent un tremplin vers une poursuite d'études.

LA THÉORIE ET LA PRATIQUE

Plus polyvalent que le BTS, le DUT (diplôme universitaire de technologie) accorde autant de place à la théorie (mathématiques, informatique...) qu'aux enseignements professionnels. Des projets à réaliser et 10 semaines au minimum de stage sensibilisent les étudiants au monde de l'entreprise. En 2de année, des cours préparent à la poursuite d'études ou à l'insertion. Une partie des IUT (instituts universitaires de technologie) proposent la formation en apprentissage.

UN TRAVAIL ENCADRÉ

L'IUT offre les avantages de l'université (proximité avec la recherche, droits d'inscription de moins de 200 €...), tout en assurant un suivi des étudiants plus soutenu qu'en licence. Les cours magistraux représentent moins du quart des quelque 30 heures de cours hebdomadaires. Le reste du temps est consacré à des travaux réalisés en petits groupes (travaux dirigés, travaux pratiques et projets encadrés). Prévoir aussi beaucoup de travail personnel.

ACCÈS SÉLECTIF

Les candidatures se font sur le portail APB. Les établissements examinent le profil de bac, les résultats obtenus depuis la classe de 1re, les appréciations des enseignants, la lettre de motivation. Parfois, un entretien ou des tests sont aussi prévus. Les titulaires d'un bac technologique obtenu avec une mention « bien » ou « très bien » sont admis de droit dans un DUT en cohérence avec leur série de bac.

CONTRÔLE CONTINU

Il n'y a pas d'examen final en DUT. Les étudiants sont évalués à partir des contrôles écrits, des notes obtenues pendant les manipulations de TP (travaux pratiques), des exposés, des projets et du mémoire professionnel qui jalonnent la formation.

VERS DES ÉTUDES PLUS LONGUES

Malgré les débouchés, la grande majorité des diplômés poursuivent leurs études en licence professionnelle ou, avec un bon dossier, en école d'ingénieurs ou en 3e année de licence en vue d'obtenir un master. Sélection sur dossier et/ou examen et entretien.

Repère

Un pourcentage de places est réservé aux bacheliers technologiques dans les DUT.

À savoir

Un petit nombre d'IUT proposent une formation en 1 an, dite **« année spéciale » (AS)**, pour les candidats ayant suivi 2 années d'enseignement supérieur.

Se spécialiser en aéronautique ?

Contrairement aux BTS, bacs professionnels et CAP, il n'existe pas de DUT spécifique à l'aéronautique. Exceptionnellement, une formation peut adapter ses enseignements afin de correspondre au marché de l'emploi local. C'est le cas du DUT génie mécanique et productique de l'IUT Paul Sabatier à Toulouse, qui propose de découvrir quelques techniques aéronautiques et spatiales. Selon leur implantation, les établissements peuvent aussi nouer des partenariats avec des industries du secteur. Ils permettent alors à leurs étudiants d'appliquer leurs connaissances à des aéronefs ou à des équipements aéronautiques lors de leurs stages, à l'occasion des projets tutorés ou dans le cadre d'un apprentissage.

Comment choisir son DUT ?

Plusieurs DUT peuvent cependant mener aux industries aéronautiques et spatiales. Mieux vaut faire sa sélection en fonction de ses matières préférées et de ses goûts. Les lycéens attirés par l'électricité, l'énergie, la mécanique, les matériaux ou les télécommunications pourront opter pour une formation qui aborde l'un de ces domaines sous plusieurs facettes : GEII, GMP, GTE, RT, SGM. Pour ceux qui hésitent ou ont plusieurs centres d'intérêt, le DUT mesures physiques, pluridisciplinaire, peut être une solution. Autre possibilité : intégrer un cursus davantage orienté vers les processus et l'organisation industrielle (production, maintenance, logistique, qualité) : GIM et QLIO. *Retrouvez ces diplômes pages suivantes.*

Quelle place pour la pratique ?

En moyenne, 40 % des cours sont dispensés sous forme de TP (travaux pratiques) en petits groupes de 8 à 15 étudiants. Ceux-ci mettent en application les cours théoriques avec des technologies comparables à celles du monde industriel : robots soudeurs, automates programmables, fours, plieuses, machines de découpe, outils à commande numérique...
En science et génie des matériaux par exemple, les élèves peuvent forger des métaux sur des presses hydrauliques. Ces formations intègrent aussi la pratique informatique, indispensable, grâce à des logiciels de conception et de fabrication assistées par ordinateur.

Quelles poursuites d'études possibles ?

Dans certaines formations (GTE, GEII, GMP, MP notamment), les diplômés sont entre 40 et 50 % à intégrer une école d'ingénieurs généraliste ou spécialisée en aéronautique, grâce aux admissions parallèles (sur dossier et/ou entretien et/ou épreuves) ou après une prépa ATS. Deuxième voie prisée des étudiants : la licence professionnelle (en une année) pour consolider leur expérience professionnelle ou se spécialiser dans l'aéronautique et le spatial. Minoritaires, certains étudiants (GEII, MP, GTE notamment) rejoignent une L3 en physique, informatique ou sciences pour l'ingénieur, puis un master (bac + 5) du domaine. *Retrouvez ces diplômes pages suivantes.*

DUT génie électrique et informatique industrielle (GEII)

Pour qui ? Les bacheliers S, STI2D, quelques STL, les bacheliers pro MELEC.

Où ? Dans 60 établissements, dont 29 avec possibilité de formation par apprentissage.

Au programme. L'énergie est prédominante : les étudiants apprennent à mesurer un courant, une tension, une puissance. Ils découvrent les équipements à connecter sur un réseau, la conversion d'énergie, la sécurité. Au menu aussi : étude des systèmes électroniques, automatismes, informatique industrielle.

Et après ? Accès aux métiers d'électrotechnicien, d'automaticien, de technicien de maintenance. Poursuite d'études en licence professionnelle (électricité et électronique, maintenance...), en licence ou en école d'ingénieurs.

DUT génie industriel et maintenance (GIM)

Pour qui ? Les bacheliers S, STI2D, STL, les bacheliers professionnels.

Où ? Dans 28 établissements, dont 12 avec possibilité de formation par apprentissage.

Au programme. La partie scientifique et technique aborde le génie mécanique, le génie thermique et le génie électrique. La partie professionnelle est axée sur les méthodes et outils de gestion et d'organisation de la maintenance. Les étudiants apprennent aussi les normes d'hygiène, de sécurité et environnementales.

Et après ? Accès aux métiers de technicien de maintenance, de pilote d'une unité de production, de technicien qualité. Poursuite d'études en licence professionnelle (maintenance, production industrielle, électronique...), en licence ou en école d'ingénieurs.

DUT génie mécanique et productique (GMP)

Pour qui ? Les bacheliers S, STI2D, les bacheliers pro MEI, EDPI.

Où ? Dans 47 établissements, dont 22 avec possibilité de formation par apprentissage.

Au programme. Une partie, « conception », se concentre sur la mécanique, le dimensionnement des structures, la science des matériaux. Une autre, « industrialisation », comprend la production, la métrologie, les méthodes, la qualité, l'électricité, l'électronique et l'automatique. Sans oublier la formation à la conception assistée par ordinateur.

Et après ? Accès aux métiers de technicien méthodes, responsable d'unité de production, contrôleur qualité. Poursuite d'études en licence professionnelle (conception mécanique, production industrielle), en licence ou en école d'ingénieurs.

DUT génie thermique et énergie (GTE)

Pour qui ? Les bacheliers S, STI2D, quelques STL.

Où ? Dans 19 établissements, dont 8 avec possibilité de formation par apprentissage.

Au programme. La formation met l'accent sur la thermodynamique (étude de la chaleur et de sa transformation en énergie mécanique notamment), le transfert de chaleur et la mécanique des fluides (stockage et circulation des gaz et liquides). S'ajoutent des compétences professionnelles : machines thermiques, frigorifiques, traitement de l'air, diagnostics énergétiques.

Et après ? Accès aux métiers de technicien en bureau d'études, de thermicien, de technicien de maintenance. Poursuite d'études en licence professionnelle (thermique, énergie électrique...), en licence ou en école d'ingénieurs.

DUT mesures physiques (MP)

Pour qui ? Les bacheliers S, STL et STI2D.

Où ? Dans 33 établissements, dont 8 avec possibilité de formation par apprentissage.

Au programme. Pluridisciplinaire, cette formation apporte des connaissances en physique, en chimie et en matériaux. Elle aborde aussi l'instrumentation : techniques de mesure, utilisation des appareils et exploitation des résultats.

Et après ? Accès aux métiers de technicien de laboratoire, d'essais, d'assistant ingénieur. Poursuite d'études en licence professionnelle (instrumentation, matériaux...), en licence ou en école d'ingénieurs.

DUT qualité, logistique industrielle et organisation (QLIO)

Pour qui ? Les bacheliers S, STI2D, ES, STL ; les bacheliers pro en productique mécanique, logistique.

Où ? Dans 23 établissements, dont 12 avec possibilité de formation par apprentissage.

Au programme. En qualité, les étudiants apprennent l'utilisation d'outils statistiques et méthodologiques, la mise en place d'une démarche d'amélioration de la qualité. La logistique industrielle porte sur la planification des activités, la gestion des stocks et des flux. À cela s'ajoutent l'organisation de l'entreprise, de la production et l'optimisation des activités.

Et après ? Accès au métier de technicien de production, d'ordonnancement, en amélioration continue. Poursuite d'études en licence professionnelle (génie industriel, qualité, logistique...), en licence, en école d'ingénieurs ou en école de commerce.

DUT réseaux et télécommunications (RT)

Pour qui ? Les bacheliers S et STI2D.

Où ? Dans 31 établissements, dont 18 avec possibilité de formation par apprentissage.

Au programme. Les enseignements professionnels se concentrent sur l'administration et la sécurité des réseaux, les systèmes d'exploitation, l'architecture des ordinateurs et d'Internet, les télécommunications fixes et mobiles, la programmation, les bases de données... Les sciences comportent notamment des mathématiques appliquées, de l'informatique, de l'électronique et de la physique pour les télécommunications.

Et après ? Accès aux métiers de technicien télécoms et réseaux, technicien de maintenance. Poursuite d'études en licence professionnelle (administration et sécurité des réseaux, électronique...), en licence ou en école d'ingénieurs.

DUT science et génie des matériaux (SGM)

Pour qui ? Les bacheliers S, STL et STI2D.

Où ? Dans 14 établissements, dont 3 avec possibilité de formation par apprentissage.

Au programme. Passage en revue de tous les types de matériaux : métalliques, polymères, céramiques et verres, composites, biomatériaux... Les sciences abordent la chimie, la structure de la matière, la résistance des matériaux, l'écoulement des fluides, les transferts de chaleur... Apprentissage du dessin et de la conception assistés par ordinateur pour des modélisations et des simulations.

Et après ? Accès au métier de technicien en traitement des matériaux, d'essais. Poursuite d'études en licence professionnelle (plasturgie, matériaux composites...), en licence ou en école d'ingénieurs.

LES LICENCES PROFESSIONNELLES à la loupe

Après un bac + 2

→ en 1 an

De nombreuses licences professionnelles permettent aux titulaires d'un bac + 2 d'acquérir des connaissances en aéronautique ou d'affiner leur projet dans ce domaine (propulsion, systèmes embarqués, maintenance...), tout en développant leur expérience du terrain.

SÉLECTION : PLACE À LA MOTIVATION

L'admission en licence professionnelle se fait principalement sur dossier, lettre de motivation et parfois entretien. Certains profils de BTS, de DUT ou de L2 sont privilégiés selon les spécialités. Une attention particulière est portée à la connaissance du secteur et aux activités menées pendant les études (projets, stages, vie associative...). Les candidats qui choisissent l'apprentissage doivent également trouver un employeur (constructeur, équipementier, entreprise de maintenance...).

PRO POUR PROFESSIONNELLE

Le point fort de cette année de formation est l'expérience professionnelle. Les étudiants effectuent en effet 12 à 16 semaines de stage et mènent un projet tutoré le plus souvent en groupe et en partenariat avec une entreprise : analyse vibratoire d'une aile d'avion, conception assistée par ordinateur d'un moteur, construction d'un avion monomoteur biplace métallique... Une partie des cours est assurée par des professionnels en exercice, ce qui permet de se créer un premier réseau. Certaines licences professionnelles dans l'aéronautique sont proposées en apprentissage.

DES EFFECTIFS RÉDUITS

L'enseignement se déroule à l'université qui délivre le diplôme, mais aussi dans des lycées partenaires qui mettent à disposition des salles et des matériels spécifiques. Pas de grands amphis ici, les étudiants appartiennent à un groupe classe et bénéficient d'un encadrement important. L'assiduité à tous les cours est obligatoire. Les cursus en alternance ont lieu en CFA (centre de formation d'apprentis).

PRIORITÉ À L'INSERTION

En principe, la licence professionnelle n'appelle pas de poursuite d'études. Les diplômés sont opérationnels dès leur sortie : ils ont renforcé leur pratique du terrain et obtenu un niveau bac + 3. Par rapport aux diplômés bac + 2, ils bénéficient d'un atout supplémentaire pour s'insérer sur le marché du travail avec souvent plus de responsabilités.

Repère

Les dossiers de candidature doivent en général être déposés entre février-mars et mai.

À savoir

Spécifiques à l'établissement qui délivre la formation, les programmes, modalités d'accès et débouchés varient d'une licence professionnelle à l'autre.

Comment entrer en licence pro ?

Premier point : présenter un bagage scientifique et technique, par exemple une L2 sciences pour l'ingénieur ou un BTS ou un DUT à dominante technologique ou industrielle. La cohérence du parcours prime : des acquis en énergétique et thermique sont ainsi nécessaires pour rejoindre une licence pro en propulsion. Niveau scolaire homogène, assiduité, efforts dans le travail sont autant d'éléments appréciés dans le dossier du candidat. Attention : la maîtrise de l'anglais, très utilisé dans l'aéronautique et le spatial, compte aussi. La motivation (lettre et/ou entretien) fera ensuite la différence : expérience en entreprise (stages, apprentissage, postes occupés), intérêt pour l'aéronautique (brevet d'initiation aéronautique, par exemple).

Quelles spécialisations possibles ?

Selon les cursus, les étudiants sont préparés à exercer en tant que techniciens supérieurs dans un domaine : maintenance, conception et/ou production, qualité, essais. D'autres licences professionnelles ciblent davantage des technologies : propulsion, équipements embarqués, instrumentation ou encore structure. Dans tous les cas, la formation comporte des connaissances générales en aéronautique et spatial, en réglementation et sécurité, et souvent la maîtrise d'outils spécifiques, notamment les logiciels de conception et de fabrication assistées par ordinateur.

Une double compétence

Marc Boulé,
responsable de la licence professionnelle conception et production aéronautique de l'IUT du Creusot de l'université de Bourgogne (21)

« L'année de licence professionnelle apporte une maturité supplémentaire : l'étudiant se voit en effet confier des missions plus transversales qu'un titulaire de BTS aéronautique. Cela peut s'expliquer par la diversité des enseignements donnant une double compétence en conception et industrialisation/fabrication. Elle permet également à des diplômés de DUT, préparés à un secteur d'activité plus large, de se spécialiser. En outre, les interventions des professionnels de l'industrie représentent 30 % des heures d'enseignements dispensés aux étudiants, ce qui constitue un vrai plus. Enfin, si à l'issue de la licence professionnelle, la différence de salaire n'est pas réellement importante à l'embauche, l'évolution de carrière s'avère plus rapide. »

LES LICENCES ET MASTERS *à la loupe*

Après le bac

→ en 3 ou 5 ans

Sciences pour l'ingénieur, mécanique, physique... l'université propose de nombreuses spécialisations intéressant le domaine aéronautique et spatial. Les étudiants affinent véritablement leur choix en master.

UN PARCOURS EN DEUX TEMPS

Les études longues à l'université commencent par la licence (bac + 3), qui apporte un socle de connaissances scientifiques. Pour développer leurs compétences professionnelles, les étudiants poursuivent le plus souvent en master ou en école d'ingénieurs (2 années supplémentaires). Ceux qui préfèrent rejoindre le marché du travail sans délai peuvent, après la 2e année de licence, préparer une licence professionnelle en une année.

BIEN CHOISIR SA FILIÈRE

Sciences pour l'ingénieur, mécanique, physique, électronique... quelle mention viser en fonction de son profil et de son projet ? Il est indispensable de recueillir l'avis d'enseignants lors des JPO (journées portes ouvertes) ou en recourant à l'aide au choix proposée pendant la procédure d'inscription APB. Si la plupart des licences sont ouvertes à tous les bacheliers, selon les filières, certaines séries de bac sont plus adaptées que d'autres.

SPÉCIALISATION PROGRESSIVE

Assurant la transition entre le lycée et l'université, le programme de L1 est pluridisciplinaire (mathématiques, électronique, physique...), ce qui facilite les réorientations si besoin. Les 2 années suivantes (L2 et L3) permettent d'approfondir les bases de la discipline suivie. Amorcée en L2 ou L3 par un choix de parcours, la spécialisation se dessine au cours des 2 années de master. Des stages réalisés dès la licence ou un cursus suivi en apprentissage sont l'occasion de renforcer son expérience du terrain.

LIBERTÉ À SURVEILLER

En arrivant à l'université, les étudiants peuvent avoir l'impression que le rythme de travail est moins intensif qu'au lycée. Pourtant, revoir ses cours, les enrichir par des recherches personnelles, préparer les TP (travaux pratiques) et TD (travaux dirigés), cela exige un investissement personnel important. Le tutorat proposé par des étudiants plus avancés, les séances de soutien assurées par les enseignants et les bilans d'étape constituent autant d'aides pour réussir.

Repère

L1, L2, L3 : les 3 années de licence. Accès direct possible en L2 ou L3, sur dossier, après un BTS, un DUT, une classe prépa...

M1, M2 : les 2 années de master. Accès sélectif en M1 ou en M2 selon des modalités propres à chaque master (dossier, examen...). Voir le portail national « Trouver mon master » (www.trouvermonmaster.gouv.fr).

Info@

www.onisep.fr/organisation_licence
Pour découvrir les 3 ans de licence.

www.onisep.fr/reussir_licence
Pour passer le cap de la 1re année à la fac.

Quelles licences pour s'orienter vers l'aéronautique ?

Il n'existe pas à proprement parler de licence dédiée à l'aéronautique. Mais plusieurs mentions scientifiques y préparent en dispensant des fondements indispensables : sciences pour l'ingénieur, mécanique, physique, 3EA (électronique, énergie électrique, automatique), sciences et technologie, voire informatique… À l'intérieur de cette offre, de nombreux parcours sont déclinés : génie des systèmes industriels, matériaux…

Un profil aéronautique dès la licence ?

Seule un petit nombre de licences proposent une orientation aéronautique. Hormis la licence CMI *(lire page suivante)* mécanique et ingénierie et maintenance des systèmes pour l'aéronautique et les transports de l'université de Bordeaux, qui colore sa formation dès la L1 (cours d'initiation, projet), la spécialisation débute en L3. À Évry, le parcours aéronautique et spatial s'appuie d'abord sur un socle de compétences en sciences et technologies (informatique, mécanique, électronique…). Même principe pour le parcours génie mécanique en aéronautique proposé à Toulouse 3. Ces formations plus spécifiques permettent de tester l'intérêt porté à l'aéronautique et de se familiariser avec ses thématiques : autant d'arguments à mettre en avant au moment de postuler dans les masters du secteur. Les stages, obligatoires ou facultatifs, sont aussi un moyen de donner une particularité à son profil.

TP et ateliers pour amorcer la spécialisation

Claire Vasiljevic,
responsable du pôle aéronautique et spatial de l'université d'Évry-Val d'Essonne (91)

« L'objectif de notre licence est d'apporter de solides compétences scientifiques et techniques (génie mécanique, électronique, automatique et informatique…). La L1 et la L2 sont des années très génériques en sciences technologiques, physique, mathématiques… La spécialisation se fait progressivement dès la L2, par le biais de petits projets et de conférences. En L3, le parcours aéronautique et espace oriente vers des enseignements plus spécifiques à l'ingénierie aéronautique (essais, instrumentation…). Les étudiants travaillent en salle de TP ou en atelier, sur des équipements ou des engins volants. Nous favorisons également l'acquisition d'une culture secteur : entreprises et organisations, spécificités de la construction aéronautique, réglementation… Les TD sont aussi l'occasion de préparer des exposés sur la concurrence internationale, les projets de recherche et les grands programmes… »

Les portails de licence, comment ça marche ?

De nombreuses universités font débuter leurs licences scientifiques au sein de portails pluridisciplinaires communs à plusieurs mentions, selon des combinaisons propres à chaque établissement (mathématiques, physique, ingénierie...). Un étudiant passe d'abord par une L1 « indifférenciée », avant de suivre des enseignements spécifiques, le plus souvent à partir de la L2. L'objectif est d'acquérir les connaissances fondamentales nécessaires à tout technicien ou ingénieur (mathématiques, physique, informatique...). Cette organisation permet par ailleurs de conforter son choix d'orientation avant de se spécialiser dans l'une des disciplines du portail.

Comment rejoindre une école d'ingénieurs ?

En moyenne, 6 % des admis en école d'ingénieurs sont titulaires d'une 2e ou d'une 3e année de licence, parfois d'une 1re année de master. L'accès, pour ces profils, s'effectue soit sur concours, soit sur titre (dossier et entretien). La sélection est forte. Certaines universités proposent des parcours renforcés (approfondissement des matières aux concours, entraînement aux oraux), dédiés à la préparation de ces sélections et/ou ont noué des partenariats avec des écoles d'ingénieurs. Ceux qui ne réussissent pas à intégrer un établissement peuvent continuer leur formation en licence ou master.

Quelles spécialités en master ?

Le secteur aéronautique fait appel à un large éventail de compétences, que ce soit en mécanique, électronique et informatique industrielle, matériaux... De nombreuses spécialités de master conviennent donc, par exemple pour s'orienter en électronique embarquée, en mécanique des structures... Certains masters proposent une spécialisation plus précise : ingénierie des systèmes aéronautiques et spatiaux (Paris-Saclay), matériaux et structures pour l'aéronautique et le spatial (Toulouse 3), ou encore support client pour l'aéronautique (Bordeaux)... L'avantage ? Ces cursus dispensent des connaissances pointues préparant bien aux spécificités technologiques du secteur aéronautique et spatial. Dans tous les cas, la place accordée aux stages représente une opportunité pour approcher les entreprises du secteur et faire valoir ensuite une première expérience.

Que sont les CMI ?

Les CMI (cursus master ingénierie) sont des programmes universitaires sélectifs, organisés sur 5 années et débouchant sur des fonctions d'ingénieur. Ces formations reconnues sont adossées à une licence et à un master, et renforcées par des enseignements supplémentaires : projets, cours en management et connaissances de l'entreprise, trois stages obligatoires et une expérience à l'international. Destinés à des candidats très motivés, les CMI recrutent sur dossier et entretien.

LES PRÉPAS SCIENTIFIQUES *à la loupe*

Les CPGE (classes préparatoires aux grandes écoles) ne délivrent pas de diplôme, mais préparent aux concours de recrutement des écoles, d'ingénieurs notamment.

Après le bac

→ en 2 ans

SÉLECTION: POUR LYCÉENS MOTIVÉS

Les candidatures en classes prépa se font sur le portail APB. Les établissements examinent le dossier scolaire de l'élève: les notes de 1re et de début de terminale, les appréciations des professeurs (comportement, assiduité, rigueur...) et le rang de l'élève dans sa classe. Si les prépas les plus prestigieuses sont très sélectives, beaucoup de lycées admettent des candidats avec une moyenne de 12 ou 13 sur 20, à condition que les résultats soient réguliers.

DES SCIENCES À HAUTE DOSE

De nombreuses prépas scientifiques sont destinées aux bacheliers S. Mais certaines accueillent aussi des bacheliers STI2D ou STL. Dans toutes, les mathématiques occupent une place centrale. La part des autres matières (sciences industrielles, physique...) varie selon la prépa choisie, et l'approche expérimentale y est plus ou moins développée. Au programme aussi: l'informatique et les TIPE (travaux d'initiative personnelle encadrés), où les élèves sont mis en situation de recherche. Le français et les langues sont également importants et peuvent parfois départager les candidats lors des concours.

UN RYTHME SOUTENU

En prépa, les élèves suivent environ 35 heures d'enseignements par semaine, répartis entre cours, TD (travaux dirigés) et TP (travaux pratiques) en laboratoire. S'y ajoutent les devoirs sur table, les colles (interrogations orales) et beaucoup de travail personnel.

LES CONCOURS DES GRANDES ÉCOLES

À l'issue de la 2de année, les élèves de prépas scientifiques présentent en moyenne deux à quatre concours d'entrée en écoles. Une partie de ceux qui n'ont pas obtenu les établissements qu'ils souhaitaient décident de refaire une 2de année. Au final, la majorité des candidats intègre une école. Dans le cas d'une réorientation (vers une licence, par exemple), les connaissances et les méthodes de travail acquises en prépa leur permettent souvent de réussir dans leur nouveau cursus.

Repère

À différentes étapes, les élèves reçoivent une **attestation descriptive** de leur parcours qui leur permet d'obtenir des équivalences pour rejoindre un autre cursus.

À savoir

www.onisep.fr/prepas_scientifiques
Présentation des prépas en sciences.

Quelles classes prépa après un bac S ?

Les élèves titulaires d'un baccalauréat S à l'aise en mathématiques, physique et chimie ont le choix entre les prépas MPSI (mathématiques, physique et sciences de l'ingénieur), PCSI (physique, chimie et sciences de l'ingénieur) et PTSI (physique, technologie et sciences de l'ingénieur). Ils peuvent ensuite continuer en 2de année vers les filières MP (mathématiques, physique), PC (physique, chimie), PT (physique, technologie) et PSI (physique et sciences de l'ingénieur). Cette dernière comprend, entre autres, une part importante de sciences industrielles (mécanique, automatique…) qui permettent d'appréhender les systèmes technologiques utilisés dans l'industrie. Ces différentes prépas ouvrent à la quasi-totalité des écoles d'ingénieurs, dont celles spécialisées en aéronautique.

Très sélectifs, les concours post-prépa ?

Les concours peuvent faire peur aux étudiants. Mais, de l'avis des responsables de recrutement en écoles d'ingénieurs, ils servent surtout à répartir les candidats entre établissements plus ou moins demandés. Les sortants de prépa ne seront pas forcément admis dans l'école qu'ils auront choisie en premier vœu si celle-ci est très demandée. Mais ils ont de bonnes chances d'avoir une place dans une formation d'une discipline qui les intéresse. Aussi, mieux vaut établir une liste de vœux en fonction de ses goûts et de son projet professionnel qu'en suivant les palmarès de la presse.

Quelles classes prépa après un bac technologique ?

Pour rejoindre le secteur aéronautique, les bacheliers STI2D et les bacheliers STL peuvent s'orienter vers la prépa TSI (technologie et sciences industrielles), qui fait la part belle aux activités expérimentales et à la résolution de problèmes. À la clé, un petit nombre de places dans les écoles généralistes ou spécialisées du secteur, via des sélections où ils ne rentrent pas en concurrence avec les bacheliers S.

Une prépa après un BTS ou un DUT ?

C'est possible. Il existe en effet des classes ATS (adaptation technicien supérieur) ingénierie industrielle, destinées aux titulaires d'un BTS ou d'un DUT scientifique ou technologique qui envisagent les écoles intéressant le secteur aéronautique. *À noter :* toutes les écoles ne recrutent pas sur ces profils ou alors de petits contingents parfois. Ces classes les préparent en une année aux sélections (concours communs sur épreuves écrites et orales, mais aussi candidatures sur dossier). Elles leur permettent également d'être mieux armés pour réussir en école d'ingénieurs. Le profil attendu : avoir des résultats homogènes depuis la terminale, être motivé et prêt à travailler beaucoup pendant cette année. Le programme comprend un volet important de mathématiques, de physique et de sciences industrielles.

LES ÉCOLES D'INGÉNIEURS *à la loupe*

Généralistes ou spécialisées, de nombreuses écoles d'ingénieurs permettent d'exercer dans le secteur de l'aéronautique. Des cursus prisés des recruteurs.

EN 3 ANS, EN 5 ANS...

5 années d'études après le bac sont nécessaires pour obtenir le diplôme d'ingénieur, reconnu par la CTI (Commission des titres d'ingénieur). Mais le temps passé en école d'ingénieurs varie selon les établissements (en 3 ou en 5 ans) et le parcours de chacun. Plus de la moitié des élèves intègrent une école à bac+2, après une prépa scientifique *(lire p. 101)*, mais aussi un DUT, un BTS ou une licence, et réalisent les 3 années du cycle ingénieur. Autre possibilité : rejoindre une école directement après le bac pour un cursus en 5 ans, qui commence par 2 années de cycle préparatoire.

UNE ENTRÉE SÉLECTIVE

Pour les concours après le bac, la sélection, souvent commune à plusieurs écoles, s'effectue sur dossier, épreuves et/ou entretien. Si les candidats issus de terminale S sont très majoritaires, un petit nombre de bacheliers technologiques sont aussi admis. Pour les concours post-prépa, il faut prévoir 3 à 4 jours d'épreuves qui porte sur l'ensemble des matières abordées pendant les 2 ans de prépa. En admissions parallèles, place à l'étude du dossier, parfois assortie d'épreuves.

DES SCIENCES, MAIS PAS SEULEMENT

Majeur au début, le tronc commun scientifique (mathématiques, physique, mécanique, informatique...) laisse progressivement la place aux matières de la dominante choisie : électronique, thermodynamique, propulsion... Un tiers des enseignements sont consacrés aux langues et à la culture d'entreprise (économie, droit, gestion de projet...). Au programme aussi : la sensibilisation à la recherche, à l'entrepreneuriat et une ouverture à l'international.

CAP SUR UN MÉTIER

Pour préparer les futurs ingénieurs au monde du travail, la formation comprend au minimum 28 semaines de stage et prévoit de nombreux projets de groupes, le plus souvent en lien avec des entreprises. Cours assurés par des professionnels en exercice, visites de laboratoires et de sites industriels, forums de recrutement et formules en apprentissage viennent compléter cet ancrage terrain.

Après le bac

→ en 5 ans

Après un bac + 2

→ en 3 ans

Repère

Les **droits annuels d'inscription** sont, en 2017, de 610 € dans les écoles sous tutelle du ministère de l'Enseignement supérieur, qui sont les plus nombreuses. Pour les autres écoles publiques, ils varient de 1500 à 2 650 €. Dans les établissements privés, ils peuvent s'élever jusqu'à 9 000 € l'année.

À savoir

www.onisep.fr/ecoles_ingenieurs
Présentation des études en écoles d'ingénieurs.

www.onisep.fr/premiere_annee
Plusieurs étudiants racontent leurs débuts en école.

Quel accès après le bac ?

Les inscriptions dans les écoles d'ingénieurs en 5 ans ont lieu en terminale, presque systématiquement sur le portail APB (Admission post-bac). Les sélections, en général communes à plusieurs établissements, s'appuient sur le dossier, des épreuves et/ou un entretien de motivation. Sont attendus un niveau scientifique solide (mathématiques, physique-chimie...), une ébauche de projet professionnel et une bonne culture générale. Sans nécessairement faire partie des têtes de classe, il faut présenter un profil équilibré. Si les bacheliers S sont recherchés en priorité, un petit nombre de bacheliers technologiques sont aussi recrutés ; une fois admis, ces derniers peuvent bénéficier d'un accompagnement spécifique (cours de soutien et de méthodologie).

Quel accès après un bac + 2 ou plus ?

Presque toutes les écoles d'ingénieurs recrutent des élèves issus de prépas scientifiques. Ces 2 années d'études sont exigeantes, mais donnent de bonnes chances d'intégrer un établissement, parmi les plus prestigieux. Par la voie des admissions parallèles, elles sélectionnent quasiment toutes sur dossier et/ou épreuves des titulaires de BTS, de DUT, de L2 et de L3 scientifiques. Pour augmenter leurs chances d'admission, les diplômés de BTS et DUT ont tout intérêt à passer par une prépa ATS (adaptation technicien supérieur) qui les prépare en une année aux sélections des écoles d'ingénieurs.

Un cursus aéronautique sinon rien ?

L'industrie aéronautique et spatiale touche à de nombreux domaines et fait appel à des compétences variées. Si les écoles d'ingénieurs qui affichent une coloration aéronautique ont souvent la cote auprès des étudiants, des formations généralistes ou spécialisées en mécanique, électronique, génie industriel, informatique, matériaux... intéressent aussi les recruteurs. Autres portes d'entrée : des stages ou un apprentissage effectués dans le secteur. Ils permettent en effet d'affiner son profil en fonction de l'activité de l'entreprise d'accueil.

Pour quels métiers à la clé ?

Selon le Gifas (Groupement des industries françaises aéronautiques et spatiales), plus de 40 % des jeunes diplômés recrutés sortent d'une école d'ingénieurs. L'éventail des métiers accessibles dépend des spécialités choisies : conception et fabrication (ingénieur structure, ingénieur aérodynamicien, ingénieur systèmes électriques...), essais et maintenance (responsable révision moteurs, ingénieur intégration satellite...), conseil et commercialisation (responsable achats, chargé d'affaires...). Les jeunes ingénieurs ont donc l'embarras du choix. Ceux qui veulent exercer dans la recherche doivent poursuivre en doctorat (bac + 8).

Dans quelles écoles suivre un cursus aéronautique ?

• Noyau dur des formations d'ingénieurs sur le secteur : le GEA (Groupement des écoles aéronautiques). Il est composé de l'Enac, de l'Isae-Ensma Poitiers et de l'Isae-Supaéro Toulouse, toutes trois en 3 ans après un bac+2. Chacune de ces trois écoles a un positionnement spécifique et prépare à des métiers différents. Ces établissements sont bien identifiés et appréciés des entreprises du secteur : plus de la moitié de leurs diplômés s'insèrent dans l'aéronautique et le spatial en France ou à l'étranger.

• Plusieurs autres écoles, en 5 ans après le bac ou en 3 ans après un bac+2, sont dédiées au secteur : l'Ipsa, l'Estaca, l'Elisa... L'orientation aéronautique peut intervenir d'emblée (par le biais des applications de cours, des TP et projets) ou seulement en cycle ingénieur. Choisir une école spécialisée suppose d'avoir bien mûri son projet professionnel.

• Par ailleurs, certaines écoles généralistes ou polyvalentes (Polytech, écoles Centrales, Arts et Métiers ParisTech, Télécom ParisTech...) proposent aussi des parcours ou des options, plus ou moins pointus, en lien avec le secteur. Les étudiants de Centrale Lyon, par exemple, peuvent opter pour l'option aéronautique, qui met l'accent sur la conception d'un avion. Ils doivent choisir un projet spécifique parmi quatre propositions : acoustique et vibrations ; automatique ; matériaux et structures ; propulsion.

Pourquoi privilégier une école d'ingénieurs ?

L'avis de Caroline Bérard,
directrice des formations d'ingénieurs à l'Isae (Institut supérieur de l'aéronautique et de l'espace), à Toulouse (31)

« Les écoles d'ingénieurs proposent une formation large, combinant des enseignements scientifiques et techniques et des cours de gestion, management, communication, langues... L'étudiant en aéronautique doit être pluridisciplinaire. Nos formations s'adaptent à cette demande en traitant différents domaines scientifiques : aérodynamisme, électronique, informatique... là où l'université offre des spécialisations plus ciblées. Autres atouts : des cours assurés par des professionnels, 28 semaines de stage au minimum et de nombreux projets de groupes en lien avec l'aéronautique. À l'Isae, chaque étudiant doit ainsi réaliser au moins un projet par année. Enfin, la force des écoles d'ingénieurs réside aussi dans les liens et partenariats noués avec les entreprises du secteur, le réseau des anciens et la richesse de leurs partenariats internationaux qui leur permettent de rivaliser sur l'échiquier mondial. »

PARCOURS D'ÉTUDES

À chacun son chemin

Il existe des passerelles entre les filières.

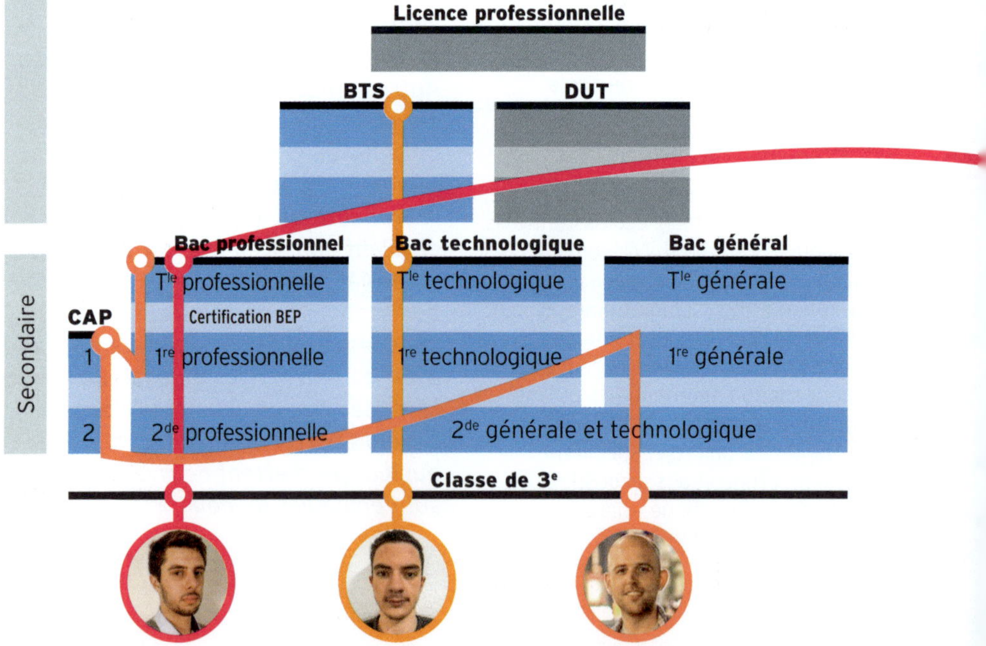

Vincent Caumon, du bac pro au master → p. 112

Dorian Boulesteix, du bac STI2D au BTS → p. 109

Mathieu Guillard, d'une 1re S au bac pro → p. 108

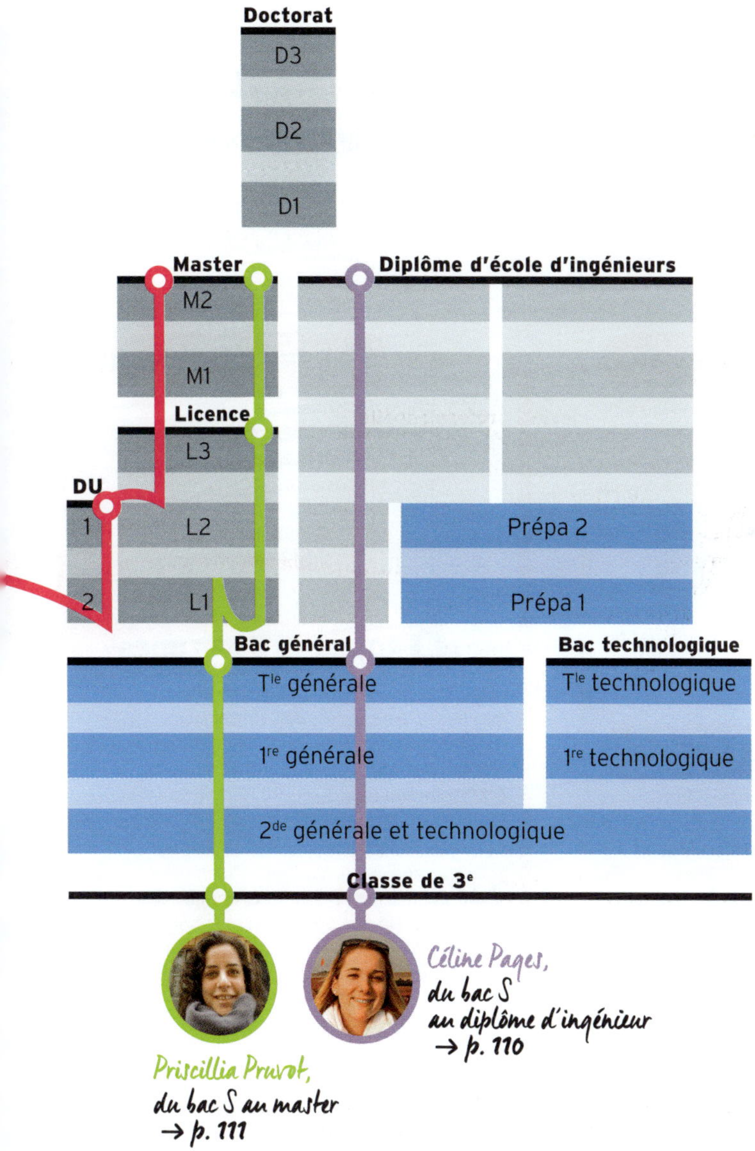

Légende

Lycée
École
Université
Diplôme

Lexique

BEP : brevet d'études professionnelles

BTS : brevet de technicien supérieur

CAP : certificat d'aptitude professionnelle

D : doctorat

DU : diplôme universitaire

DUT : diplôme universitaire de technologie

L : licence

M : master

MC : mention complémentaire

VERS UN BAC PROFESSIONNEL

« Le bac professionnel permet de progresser techniquement. »
Mathieu Guillard, 27 ans

1 APPRENDRE UN MÉTIER

C'est en 1re S que Mathieu réalise qu'il souhaite changer de voie : *« J'avais envie d'apprendre un métier, de préférence en apprentissage. »* Déterminé, le lycéen cherche des formations en lien avec un secteur qui le motive plus particulièrement : l'aéronautique. *« Le CAP de l'époque, mécanicien cellules d'aéronefs, semblait correspondre à mes attentes. J'ai pu signer un contrat d'alternance avec une petite société de maintenance. »*

2 CAP EN ALTERNANCE

Dès les premières semaines, il faut suivre un rythme soutenu : 2 semaines en entreprise, puis 2 semaines en formation. *« La 1re année consiste surtout à observer, à voir comment s'effectue un assemblage. »* À l'aise dans les matières générales, Mathieu s'initie à de nouveaux enseignements techniques pointus. *« On a tout à découvrir sur les différentes parties d'un avion : les pièces du moteur, le système hydraulique, pneumatique. C'est très dense ! »*

3 VERS L'AUTONOMIE

Pour Mathieu, les choses sérieuses commencent en 2de année : *« J'ai réellement travaillé, au sens d'exercer mon métier, en commençant par de petits sous-ensembles, car je n'avais pas encore la responsabilité du montage de tronçons complets. »* Une autonomie particulièrement motivante.

4 POURSUITE D'ÉTUDES

« Avant la fin de mon CAP, j'ai décidé de poursuivre mes études. Ce secteur me plaisait et j'appréciais le fait de progresser techniquement. » Mathieu s'inscrit en bac professionnel dans la continuité de son CAP, toujours en alternance. *« J'étais mécanicien à l'aéroport de Nantes. J'intervenais sur le circuit de l'avion, les moteurs, en effectuant les vérifications nécessaires avant que l'appareil ne reparte. Un bac pro est un plus pour évoluer dans l'entreprise et trouver un emploi rapidement. »*

VERS UN BTS

« J'avais envie d'être dans la technique, auprès des avions. »
Dorian Boulesteix, 20 ans

1 LA PASSION EN HÉRITAGE

« Quand j'étais enfant, à chaque fois que je rendais visite à mon grand-père, il me parlait d'avions... » Contaminé par le virus de l'aéronautique, Dorian entreprend en grandissant de réaliser le rêve de son aïeul. Première étape : le bac STI2D pour *« avoir une première approche de la mécanique »*.

2 BTS AÉRONAUTIQUE

« J'ai longtemps hésité entre l'aéronautique et l'architecture. » Les avions ont fini par l'emporter. Pas de doutes en revanche sur le choix d'un bac + 2. *« Le métier d'ingénieur ne me motivait pas. J'avais plus envie de toucher les avions, de les voir de près, d'être dans la technique que derrière un bureau. »* Sur APB, il obtient son vœu n° 1 : le BTS aéronautique à Blagnac (31).

3 DÉCOUVERTE DES AÉRONEFS

« Qu'est-ce qu'un avion ? Comment vole-t-il ? Nous abordons ces questions en 1re année. » Cette formation est aussi très orientée vers la maintenance. Dorian et ses camarades découvrent, par exemple, la façon dont les grandes entreprises planifient les opérations d'entretien et le suivi des aéronefs.
Un stage d'un mois à l'aérodrome d'Agen lui permet de participer aux réparations effectuées par les mécaniciens. En fin d'année, Dorian passe également le BIA (brevet d'initiation aéronautique).

4 ET APRÈS ?

« La 2de année de BTS est dans la continuité de la 1re, mais en plus poussée... » Un autre stage d'un mois sur la base aérienne de Mont-de-Marsan, davantage axé vers la conception, permet à Dorian d'affiner ses envies. *« Le fait de ne jamais avoir de projets identiques, de créer quelque chose de nouveau, de ne pas être forcément en permanence sur l'avion m'a beaucoup plu. »* Dorian envisage d'ailleurs de poursuivre dans ce domaine en licence professionnelle par apprentissage.

VERS UN DIPLÔME D'INGÉNIEUR

« Tous mes projets sont tournés vers l'aéronautique ! »

Céline Pages, 22 ans

1 BREVET AÉRONAUTIQUE

Depuis son plus jeune âge, Céline se voit travailler dans le secteur aéronautique. Sa passion pour les voyages et les avions la pousse à passer le BIA (brevet d'initiation aéronautique) dès la classe de 2de. *« Je voulais avoir des bases avant même de m'inscrire dans le supérieur. C'est pour moi un diplôme supplémentaire non négligeable. »*

2 CONCOURS INGÉNIEURS

À peine son année de terminale entamée, Céline se fixe comme objectif d'intégrer une école d'ingénieurs spécialisée en aéronautique, l'Estaca. *« Je l'ai choisie car elle me paraissait la mieux adaptée à mon projet professionnel et je ne cherchais pas un cursus généraliste. Tous les projets y sont tournés vers l'aéronautique ! »* Bac S spécialité sciences de l'ingénieur en poche et concours d'entrée réussi, c'est parti pour 5 ans de formation.

3 L'EXPÉRIENCE DES STAGES

Au fil du cycle ingénieur, Céline suit des enseignements d'aérodynamisme, de résistance des matériaux, de structure… *« La plupart des cours sont donnés par des professionnels de grandes entreprises, c'est très motivant. »* En 4e année, la jeune femme réalise un stage de 4 mois chez Aéroconseil dans le service modifications des avions. *« Par exemple, si un avion change de compagnie, notre rôle est de faire les plans des éventuelles modifications (sièges, aménagements intérieurs…) en respectant les demandes des clients. »*

4 DOUBLE DIPLÔME

En dernière année, Céline opte pour la spécialité opération et maintenance : *« Cela consiste à savoir comment une compagnie aérienne peut être rentable, comment est organisée la maintenance de l'avion… »* L'année prochaine, elle envisage de faire un master en gestion de projet à l'université afin d'élargir ses compétences en finance, marketing et commerce. À terme, elle aimerait travailler chez un constructeur ou dans un centre de maintenance.

VERS UN MASTER

« Très autonome, je préférais l'université à une école d'ingénieurs. »
Priscillia Pruvot, 27 ans

1 RÉVÉLATION TARDIVE

Après son bac S, rêvant de chirurgie, Priscillia entre en PACES (1re année commune aux études de santé) mais échoue au concours. Elle se réoriente sans conviction en licence biomédicale : *« Je me suis alors investie dans des associations et j'y ai côtoyé des élèves ingénieurs. »* Ces rencontres ravivent son intérêt pour la mécanique et les avions : *« Léonard de Vinci, les frères Montgolfier, la série télévisée* Les Têtes brûlées, *tout cela m'a toujours passionnée. »*

2 LA VOIE UNIVERSITAIRE

« Très autonome, je préférais l'université à une école d'ingénieurs. » Retour en L1, cette fois en sciences pour l'ingénieur, parcours génie mécanique en aéronautique, avec beaucoup de connaissances à acquérir en informatique, mathématiques ou en électronique… *« En L3, on étudiait les matériaux utilisés en aéronautique, les méthodes et les procédés de fabrication. »*

3 APPRENTIE EN MASTER

En parallèle de ses études, Priscillia travaille dans la restauration. *« C'est l'école de la vie en accéléré. J'ai appris l'esprit d'équipe, l'assiduité, la gestion du stress… »* Déjà un pied dans le monde professionnel, elle cible un master génie mécanique en aéronautique en alternance à Toulouse 3. Et décroche un poste d'apprentie cheffe de projet à la SNCF. *« J'y ai vu l'opportunité de découvrir un autre milieu et d'avoir des missions très variées dans un centre de maintenance des trains. »*

4 TÊTE CHERCHEUSE

Priscillia se plaît dans l'industrie, mais elle a aussi découvert l'enseignement depuis qu'elle donne des cours en sciences dans le cadre du tutorat : *« J'aime creuser et essayer d'aller toujours plus loin. »* D'où son nouvel objectif : une thèse pour devenir enseignante-chercheuse et, peut-être un jour, contribuer aux innovations aéronautiques.

VERS UN MASTER

« Le master me permet d'atteindre des fonctions de gestion de projet. »
Vincent Caumon, 23 ans

1 LA VOIE PROFESSIONNELLE

« Je n'étais pas fait pour un cursus général. L'aéronautique m'intéressait, je me suis donc rapidement orienté vers un bac professionnel du secteur. » Ce choix se révèle judicieux. Vincent retrouve le goût du travail scolaire et obtient de bonnes notes. Une offre d'emploi l'attend, mais, motivé par sa réussite, il préfère continuer ses études.

2 MENTION COMPLÉMENTAIRE

Vincent enchaîne avec une MC (mention complémentaire) avions à turbines. *« Cette année m'a permis d'acquérir des connaissances spécialisées sur les gros-porteurs. Les cours ne portaient que sur l'aéronautique et la technique. »* Ses stages en maintenance chez Air France et à l'Enac lui donnent envie d'affiner ses connaissances dans ce domaine.

3 DÉBUTS À L'UNIVERSITÉ

Ses premiers pas à l'université se font en DU maintenance aéronautique. *« J'étais tout le temps à la fac, même si les cours se déroulaient en petite classe. »* Au menu: conception mécanique, avionique, électronique à bord des avions. L'étape suivante, c'est la L3 aéronautique et espace, avec beaucoup de cours magistraux: *« J'étudiais les mêmes matières mais de façon plus approfondie. »*

4 JUSQU'AU BAC + 5

Poursuivant sur sa lancée, Vincent intègre un master en maintenance aéronautique à Paris-Saclay. *« Cette formation me permet de prétendre à des fonctions d'encadrement et de gestion de projet, ainsi que d'avoir une vision plus globale. »* En M1, dans le cadre d'un concours inter-établissements, Vincent conçoit avec trois autres étudiants un système visant à atténuer le bruit des avions: son équipe remporte le 1er prix. Tenté un temps par l'aventure de la start-up pour concrétiser cette innovation et valider ainsi son M2, il préfère finalement effectuer un stage de 6 mois chez Thales. Dans un coin de sa tête, il garde toutefois l'idée de relancer ce projet...

EMPLOI

LES EMPLOYEURS DU SECTEUR

L'industrie aéronautique et spatiale française s'étend de la recherche jusqu'à la construction d'un aéronef ou d'un satellite. Cette chaîne se compose d'acteurs de tailles variées. Tour d'horizon.

LES AVIONNEURS

Quelques groupes de premier plan conçoivent, assemblent et vendent les aéronefs et engins civils et militaires. On les désigne notamment sous le nom de « maîtres d'œuvre ». Avec 136 000 salariés, Airbus Group est la première entreprise européenne du secteur. Les activités de ses différentes filiales (dont Airbus Helicopters, Stelia Aerospace) portent sur la construction d'avions de ligne, d'hélicoptères, d'avions militaires, mais aussi de satellites et de lanceurs spatiaux (Airbus Defence and Space). Autre donneur d'ordres majeur, Dassault Aviation produit en majorité des avions d'affaires (Falcon notamment), ainsi que des avions militaires (Rafale notamment). Côté espace, Thales Alenia Space se situe parmi les leaders mondiaux de la conception de satellites de télécommunications.

LES ÉQUIPEMENTIERS

Trains d'atterrissage, nacelles, sièges, calculateurs, logiciels, systèmes électriques, mécaniques et hydrauliques, aérostructures... tous ces éléments d'aéronefs et d'engins spatiaux sont élaborés et fournis aux constructeurs par de grands équipementiers : Thales, Daher, Zodiac Aerospace, Latécoère... Dans cette catégorie figurent aussi les motoristes, spécialistes des moteurs d'avions, des moteurs spatiaux et des turbines d'hélicoptères. En France, il s'agit du groupe Safran qui emploie plus de 65 000 personnes. Pour s'approvisionner, ces grands groupes font eux-mêmes appel à des sous-traitants, dont une multitude de PME (petites et moyennes entreprises). Celles-ci proposent également des services de maintenance et de fourniture de pièces de rechange à leurs clients.

L'armée française et les compagnies aériennes offrent des opportunités d'emploi, principalement en maintenance.

LES PRESTATAIRES DE SERVICES

Autour des avionneurs et des grands équipementiers gravitent de nombreuses sociétés proposant des services de maintenance, d'ingénierie, de contrôle qualité, d'intégration de systèmes, d'assistance aux essais... Altran, Assystem, Derichebourg Atis aéronautique, AAA (Assistance aéronautique et aérospatiale) sont quelques-unes de ces entreprises. Deux modalités d'exercice sont possibles : soit elles envoient leurs salariés (opérateurs, techniciens, consultants) en mission chez leurs clients, soit elles réalisent leurs prestations dans leurs propres unités de production de sous-ensembles d'aéronefs.

LES CENTRES DE RECHERCHE PUBLICS

Le premier acteur français de la recherche aéronautique et spatiale est un organisme public. L'Onera (Office national d'études et de recherches aérospatiales) réalise des études à son initiative ou pour répondre à une demande de l'industrie. Les travaux de ses chercheurs et ingénieurs concernent l'innovation (réduction du bruit et des émissions polluantes, sécurité...), la compétitivité des avions, hélicoptères et lanceurs spatiaux (Ariane 5, par exemple), et la défense. Certaines études sont également destinées au Cnes (Centre national d'études spatiales) qui définit et met en œuvre la politique spatiale de la France. Cette agence conçoit des lanceurs, coordonne les opérations de lancement du centre spatial guyanais de Kourou et développe des systèmes orbitaux (satellites, ballons, instruments...).

LES CONDITIONS DE TRAVAIL

Horaires décalés, outillages spécifiques, règles de sécurité... retour sur les caractéristiques qui font le quotidien des professionnels chargés de la fabrication des avions, des satellites...

Travail d'équipe
Avancer ensemble

Construire un avion nécessite l'intervention d'une multitude de professionnels différents. Les ingénieurs, mécaniciens et techniciens sont donc amenés à collaborer au quotidien. Pour Guilhem Perpère, mécanicien-monteur essayeur chez Équip'Aéro Industrie, le travail se fait dans l'atelier, au sein de l'équipe composée d'une quarantaine de mécaniciens, encadrés par trois chefs d'équipe. « *On est aussi en lien étroit avec le service des méthodes. Et, selon le problème rencontré, on peut être amené à échanger avec le bureau d'études.* » Une synergie d'équipe que souligne également Marie Feyty, gestionnaire de production chez Liebherr. « *Je travaille en atelier, au milieu d'une équipe composée de sept personnes, tous des hommes. J'échange beaucoup pour savoir où ils en sont, pour leur fournir des pièces ou évaluer l'avancement des réparations. Je suis en relation avec de nombreux services : les mécaniciens-monteurs, l'assistant des ventes, le service méthodes, le support technique.* »

Horaires
Présence jour et nuit

Commencer tôt, finir tard... dans l'industrie aéronautique, principalement en production et essais, les équipes se relaient pour assurer une présence continue. Cela induit pour certains vacations et horaires décalés. Une équipe peut ainsi commencer à 6 h 45 et finir à 15 h, une autre équipe prenant le relais jusqu'à minuit, et ainsi de suite. Le travail est parfois de mise le week-end aussi. « *En fonction du planning de chaque semaine, j'adapte au mieux mes heures de repas, mes temps de repos et le temps consacré aux activités. Ce n'est pas toujours facile quand on intervient en 2 x 9 ou en 3 x 8* », témoigne Rémi Rodriguez, technicien d'usinage chez Airbus. Du côté de l'ingénieur, il arrive régulièrement que les journées se prolongent. « *Quand nous devons absolument terminer un projet, j'effectue des permanences. Une journée peut très bien s'étaler de 8 h à 21 h pour avoir le temps de tout boucler* », précise Serge Roques, ingénieur systèmes électriques chez Safran.

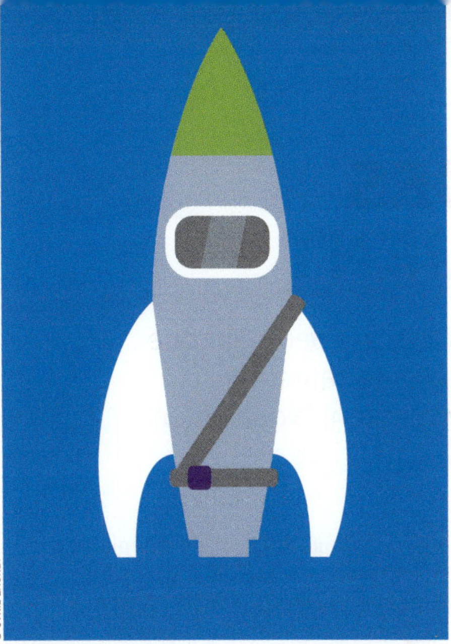

Sur le terrain
Place à l'atelier

Une grande majorité des opérateurs présents dans les services de production exercent leurs missions en atelier. Au quotidien, ils manipulent un outillage souvent lourd, voire tranchant, et sont amenés à travailler en hauteur, dans des positions mettant en jeu l'endurance physique. « *La répétitivité de certains gestes et la fatigue physique font partie du métier, même s'il est loin de se résumer à cela* », note Mathieu Guillard, ajusteur-monteur chez Daher. De son côté, Jérémy Lannois, technicien essais sol chez Assystem, confirme : « *Nous travaillons dans des grands hangars dans lesquels la température est parfois fraîche. Pour réaliser les tests, nous pouvons intervenir en hauteur sur l'avion.* »

Sécurité
100 % réglementaire

De la conception des plans à l'assemblage final de l'avion, du câblage électrique aux derniers coups de pinceau, chaque étape de la construction d'un aéronef répond à une réglementation très stricte. Le respect des normes et des procédures fait loi dans un secteur soumis à d'évidents impératifs de sécurité. « *Par exemple, une technique de perçage dans un alliage doit répondre aux différentes normes définies et être conforme aux exigences et aux procédures du client* », confirme Olivier Roost, responsable de prestations qualité programmes chez Derichebourg Atis aéronautique. « *Les logiciels que l'on crée sont embarqués dans les avions pour les aider à naviguer. Nous sommes ainsi régulièrement audités pour contrôler que ces logiciels respectent bien les normes de développement* », ajoute Thomas Wostyn, ingénieur développement logiciel chez Thales Air Systems.

Mobilité
Déplacements à prévoir

Dans la production ou la R&D (recherche et développement) par exemple, les ingénieurs et les techniciens sont amenés à se déplacer pour des salons ou des missions ponctuelles. « *Je pars régulièrement à l'étranger pour participer à des réunions dans le but d'échanger avec d'autres sociétés sur de nouvelles méthodes de réparation d'un avion* », affirme Rébécca Gras-Berge, ingénieure R& D structure chez Air France. Pour Antoine Arnhold, responsable pôle achats chez Groupe Latécoère, les déplacements sont aussi fréquents : « *Je me rends sur des sites de production, dans des salons spécialisés en gardant les yeux et les oreilles bien ouverts. C'est la condition pour capter les innovations de demain.* »

LES TENDANCES DU RECRUTEMENT

Reconnue pour son savoir-faire, l'industrie aéronautique et spatiale française affiche une excellente santé. Les perspectives de recrutement demeurent globalement bonnes, en particulier chez les équipementiers.

Aviation civile : la locomotive du secteur

Grâce aux deux avions de ligne A320 et A350, le marché de l'aviation civile compense les difficultés rencontrées par ceux des hélicoptères et des avions d'affaires. Les perspectives sont donc globalement bonnes : 3000 recrutements envisagés chez Airbus en 2017, 1800 chez Safran, 2200 chez Assystem… *« Cette situation s'explique par un marché mondial en croissance à moyen et long terme. Le trafic aérien augmente et les flottes existantes doivent être renouvelées. La pyramide des âges de ces entreprises entraîne également des besoins pour remplacer les départs en retraite »*, détaille Philippe Dujaric, directeur adjoint aux affaires sociales et formation au sein du Gifas*.

Profils : priorité à la production

« Tous les domaines sont recherchés, mais la priorité est donnée aux services production et méthodes pour faire face à l'augmentation de la charge de travail », indique Philippe Dujaric. Parmi les postes à pourvoir figurent ainsi des ingénieurs en mécanique, matériaux, structure, systèmes, méthodes ; des techniciens en production, méthodes, qualité ; des opérateurs en logistique. Pour les postes d'ajusteur-monteur, de technicien d'usinage, de drapeur ou encore de câbleurs, les candidats manquent même à l'appel, en particulier dans les PME. *« En raison d'importants développements dans les logiciels, les ingénieurs électroniciens sont aussi très recherchés »*, précise Philippe Dujaric.

Des CDI et des places pour les jeunes

Particularité du secteur : plus de 80 % des recrutements se font en CDI et à temps plein. En 2016, les entreprises ont ainsi embauché environ 10 000 salariés. Airbus Group s'est notamment fixé comme objectif d'atteindre un volume de 30 % de jeunes de moins de 30 ans en CDI d'ici à 2018. Au total, les jeunes diplômés représentent 25 % des recrutements, dont une partie importante par le biais de l'alternance. *À noter :* l'intérim concerne environ 10 000 personnes chaque année.

350 000

emplois pour l'ensemble de la filière (sous-traitants inclus)

Source : Gifas*, 2017.

21 %

de femmes parmi les salariés des industries aérospatiales

Source : Gifas, 2017.

84 500

équipementiers ou petites et moyennes entreprises

Source : Gifas, 2017.

Des emplois concentrés

Quelques régions françaises concentrent les emplois : la région Ile-de-France (28 %), l'Occitanie (28 %), en particulier Toulouse, et la Nouvelle-Aquitaine (14 %). Pour l'espace, il faut ajouter la Guyane, le Centre spatial de Kourou étant l'un des plus gros employeurs de la région. Grâce à leurs filiales situées à l'étranger, les grands groupes offrent aussi de nombreuses opportunités de travailler en Allemagne, en Espagne, en Grande-Bretagne... À condition de maîtriser parfaitement l'anglais, les jeunes diplômés peuvent envisager une première expérience au Canada (Bombardier, par exemple), 3e recruteur dans l'aéronautique, derrière la France (2e) et les États-Unis (1er), grâce à Boeing.

Innovation spatiale : bac + 5 et bac + 8

Le secteur spatial est dopé par le programme européen Ariane 6, prévu pour remplacer la fusée Ariane 5 lancée en 1986. Il devrait se traduire dans les années à venir par une croissance des emplois aussi bien dans les entreprises privées partenaires que dans les organismes publics de recherche (Cnes, Onera), ces derniers recrutant des post-doctorants, des ingénieurs et des doctorants. De même, la réalisation de plusieurs projets de satellites se traduira par des besoins pour des postes hautement qualifiés.

* Groupement des industries françaises aéronautiques et spatiales.

LES COMPÉTENCES ATTENDUES

Dire que l'on a la passion des avions depuis l'enfance ne suffit pas pour être le candidat idéal. De la maîtrise de l'anglais au sens des responsabilités, passage en revue des compétences requises.

Langues
Anglais, impératif !

« Dans l'industrie aéronautique, l'anglais est très important ! Il faut donc être un minimum à l'aise avec cette langue et être prêt à se former au besoin », souligne Thomas Wostyn, ingénieur développement logiciel chez Thales Air Systems.
L'anglais est notamment indispensable pour interagir avec des collaborateurs à l'étranger comme en témoigne Jérémy Lannois, technicien essais sol chez Assystem : *« Nous sommes souvent amenés à parler avec des acteurs européens, par exemple, pour leur donner accès à l'avion. Il s'agit d'un anglais technique. Nous rédigeons aussi les déclarations de conformité en français et en anglais. »* Communiquer à l'oral ou à l'écrit dans cette langue constitue aussi le lot quotidien de Rébécca Gras-Berge, ingénieure R&D structure chez Air France : *« Dans mon activité, j'utilise très régulièrement l'anglais, que ce soit pour envoyer des e-mails, passer des coups de téléphone ou même participer à des rencontres. »*

Relationnel
Savoir communiquer

Constructeurs, prestataires, fournisseurs, clients… la production d'aéronefs ou d'engins spatiaux mobilise de nombreux acteurs. Entre eux, les échanges sont permanents. Dans les services commerciaux notamment, la communication se révèle stratégique pour passer des commandes, proposer des prestations, comprendre les demandes, conclure un contrat et parfois régler des litiges. *« Mais le relationnel et la négociation sont presque plus importants encore en interne qu'en externe »*, remarque Flavien Racaud, chargé d'affaires chez Figeac Aéro. Pour que le grand orchestre de la production joue sans fausse note, il faut que l'information circule. Les objectifs et les modes opératoires doivent être correctement répercutés dans la chaîne hiérarchique tandis qu'au pied de l'avion, opérateurs, techniciens et ingénieurs doivent partager et faire remonter les besoins, les problèmes rencontrés ou encore les améliorations pertinentes.

© GRÉGOIRE MAISONNEUVE / ONISEP

Précision
Le geste juste

Percer, assembler, usiner une pièce au millième près... dans l'aéronautique, chacun doit pouvoir réaliser un travail d'une extrême précision, notamment pour éviter de ralentir les différentes étapes de production... *« Il faut être très rigoureux, très minutieux, concentré aussi pendant plusieurs heures. Si on rate un perçage, il y a des répercussions immédiates : renvoi de la pièce endommagée en réparation, perte de temps... L'objectif, c'est de réussir le geste technique, sans la moindre place pour l'approximation »*, développe Mathieu Guillard, ajusteur-monteur chez Daher.

Responsabilités
La conscience des enjeux

Que ce soit l'ajusteur-monteur (qui assemble des pièces), le responsable de production (qui supervise la fabrication des avions) ou le monteur-câbleur (qui installe le réseau électrique de l'appareil), tous sont conscients des responsabilités qui leur incombent. Sur un aéronef comme sur un engin spatial, le moindre défaut ou la plus petite anomalie peut avoir des conséquences importantes, voire dramatiques. Cette préoccupation est encore plus exacerbée chez les professionnels en charge des essais sols et de la qualité, derniers filtres avant la livraison. *« Une petite erreur laissée sur un poste de travail peut rester jusqu'à la mise en vol de l'avion et, par exemple, empêcher les volets ou le train d'atterrissage de fonctionner. Les inspecteurs qui valident les produits engagent la sécurité des vols au quotidien »*, indique Olivier Roost, responsable de prestations chez Derichebourg Atis aéronautique.

Pression
Savoir la gérer

Dans les industries aéronautiques, le temps, c'est de l'argent. La pression est donc omniprésente. *« En tant que responsable achats, j'ai des objectifs à atteindre. À moi de me débrouiller. Mais mon rôle consiste aussi à "distiller" cette pression à bon escient à mes équipes pour les motiver »*, explique Antoine Arnhold, salarié de Latécoère. Même réalité dans le spatial. *« Parfois, nous rencontrons des anomalies et nous prenons du retard. Je dois être capable d'absorber le stress pour ne pas trop le reporter sur les opérateurs »*, souligne Éva Lemaire, ingénieure intégration satellite chez Thalès Alenia Space. En dehors de l'aspect financier, la pression peut se traduire par une forte charge de travail à assurer. *« Il faut alors savoir faire la part des choses et déterminer quelles sont les priorités »*, poursuit Antoine Arnhold.

MES DÉBUTS DANS UN GROUPE

Marlène de Bank,
ingénieure d'études en calcul de trajectoires chez Airbus Safran Launchers

CV

Prépa MP (mathématiques et physique)

Diplôme d'ingénieur spécialité conception et opération des systèmes spatiaux à Isae-Supaéro

Son conseil !

« L'ingénieur doit être rigoureux, adopter un comportement de scientifique et surtout avoir le sens du détail. Pour les calculs de trajectoires, c'est indispensable. »

Dès le départ, Marlène souhaitait participer au projet de fusée Ariane 6, ce qui voulait dire intégrer l'un des grands groupes en lice. Donc acte. Après une année de césure, elle reprend son cursus ingénieur et conclut sa formation par un stage décisif chez Airbus Safran Launchers.

Faire valoir ses expériences

Marlène a trouvé ce stage très facilement. *« Le fait d'avoir eu des expériences professionnelles durant mon année de césure m'a ouvert les portes de plusieurs entreprises. »* Pour la jeune diplômée, le choix d'Airbus ne s'est pas fait par hasard. *« J'ai opté pour ce groupe, car j'avais envie de travailler pour lui : ses projets font rêver ! »*

Du stage au premier emploi

Après quelques mois en tant que stagiaire, ses efforts sont récompensés et elle signe un CDI. *« Malgré mon expérience dans cette entreprise, j'ai dû passer plusieurs entretiens : un avec le chef de service pour évaluer ma motivation et mes compétences, ainsi qu'un second avec le service des ressources humaines pour tester ma personnalité. »*

Des responsabilités rapidement

« À peine arrivée à mon poste, on m'a demandé de réaliser une étude sur la fusée Ariane 6. Je devais m'inspirer des études précédentes pour en créer une nouvelle. » Marlène a rapidement gagné en autonomie. *« Mon responsable me fait confiance : il m'envoie seule à des réunions pour représenter le service ou me confie des projets importants. »* En ce moment, la jeune ingénieure travaille sur les cas de panne lors du lancement d'une fusée.

MES DÉBUTS CHEZ UN SOUS-TRAITANT

Vincent Jouffroy,
ingénieur développement logiciel à Viveris Technologies

CV

Diplôme d'ingénieur en aéronautique et spatial à l'Ipsa

Intéressé à la fois par l'aéronautique et la cuisine, Vincent hésite. Il se décide finalement pour le secteur des avions. Après ses 5 ans de formation, décollage immédiat pour le métier d'ingénieur développement logiciel.

Son conseil !

« Travailler chez un sous-traitant se révèle très formateur, cela enrichit notre culture professionnelle. Il faut être curieux, ouvert d'esprit et saisir les opportunités. »

Multiplier les candidatures

Son stage de fin d'études terminé, Vincent privilégie l'envoi en masse de candidatures pour trouver un travail. *« J'ai également mis mon CV en ligne sur les réseaux professionnels. »* Très vite, il est sollicité par plusieurs entreprises sous-traitantes, dont Viveris Technologies. *« J'ai dû passer quatre entretiens pour ce poste: deux entretiens pour évaluer ma personnalité avec un chargé de recrutement, un entretien technique avec un responsable de bureau d'études et un entretien avec le directeur d'agence. »* Il franchit les différentes étapes et signe un CDI.

Très vite opérationnel

Depuis un an, Vincent travaille dans les locaux de son client, Thales. À peine arrivé dans l'entreprise, il endosse rapidement des responsabilités. *« Ma première mission consistait à développer, en un temps restreint, un outil de simulation aéronautique. Cela m'a conduit à collaborer avec d'autres services et à contacter différents interlocuteurs. »*

Autant de missions sur le CV

Être recruté par un sous-traitant lui permet d'envisager de belles perspectives de carrière. *« Le temps d'une mission variant de quelques mois à plusieurs années, on est amené à travailler avec différents clients de divers secteurs. Du coup, le CV est bien fourni ! »* Vincent apprécie aussi de découvrir plusieurs politiques et stratégies d'entreprise.

MES DÉBUTS EN AGENCE D'INTÉRIM

Dimitri Leclerc,
ajusteur-monteur chez AAA, employé par Adecco

CV

CQPM (certificat de qualification paritaire de la métallurgie) ajusteur-monteur

À l'issue de son BEP en comptabilité, Dimitri décide d'entrer directement dans la vie active. Les missions temporaires dans divers domaines se multiplient jusqu'au jour où il repart en formation dans l'aéronautique.

Un travail irrégulier

Maçon, peintre, employé aux espaces verts, conducteur de ligne dans l'agroalimentaire: pendant ses premières années d'intérim, Dimitri multiplie les emplois. *«Au tout début, j'ai décroché une mission de 6 mois dans une station d'épuration. Puis j'ai connu une période de chômage. J'ai eu beaucoup de missions ponctuelles de quelques mois, entrecoupées de périodes creuses. Je ne prenais jamais de vacances…»*

Se former en alternance

«Un jour, l'agence Adecco d'Amiens, avec laquelle je travaillais depuis toujours, a proposé de me financer une formation d'ajusteur-monteur dans l'aéronautique.» Dimitri saisit cette occasion pour élargir ses qualifications et rejoindre un secteur qui l'attire. Pendant 6 mois, il alterne les cours en centre de formation et la pratique professionnelle sur la partie avant de l'A320 chez AAA (Assistance aéronautique et aérospatiale). *«Comme j'avais fait mes preuves, l'entreprise m'a repris tout de suite après ma certification pour une mission sur le même poste.»*

L'intérim longue durée

2 mois plus tard, l'agence Adecco lui offre un CDI intérimaire. Ce statut lui permet notamment de continuer à être rémunéré durant les périodes sans travail et d'avoir ses 5 semaines de congés payés. Dans le contrat, il a dû indiquer trois métiers: ajusteur-monteur, conducteur de ligne et manutentionnaire. *«Mais mon but, c'est de rester dans l'aéronautique.»*

Son conseil !

«Il faut savoir s'adapter, car, même en tant qu'intérimaire, on continue à apprendre. Dans l'aéronautique surtout, on débute par des actions simples avant d'évoluer vers des opérations plus complexes.»

GUIDE PRATIQUE

PRÉPARER SON ENTRÉE EN VOIE PROFESSIONNELLE

Futur lycéen ou apprenti : le point sur le calendrier, les événements et les interlocuteurs qui vous accompagnent en classe de 3e.

Octobre à décembre

SE RENSEIGNER

→ Cette première phase consiste à se renseigner au CDI (centre de documentation et d'information) du collège, auprès d'un CIO (centre d'information et d'orientation), en échangeant avec le professeur principal. En complément, consultez au CDI les guides ***Après la 3e*** et ceux sur le CAP ou le bac professionnel proposés sur **www.onisep.fr**, ainsi que sur le site **www.onisep.fr/voie-pro**.

Décembre à février

EXPLORER

→ Rendez-vous aux différents **salons et JPO (journées portes ouvertes)** des LP (lycées professionnels) et CFA (centres de formation d'apprentis) de votre région. Envisagez toutes les formations qui vous intéressent et visitez les établissements qui les proposent. Préparez ces visites en listant les questions que vous vous posez. Le calendrier des JPO est publié sur le site de l'académie et/ou des délégations régionales de l'Onisep. Votre stage d'observation est aussi l'occasion de vérifier votre intérêt réel pour le métier qui vous attire.

→ *À noter :* pour certains lycées privés, des pré-inscriptions ont parfois lieu lors de leurs JPO.

Février à mars

AFFINER VOS CHOIX

→ Vous devez formuler des **intentions d'orientation** sur une fiche navette : 2de professionnelle ou CAP. Un avis provisoire est formulé lors du 2e conseil de classe de 3e. Parallèlement, continuez à approfondir votre information grâce aux **mini-stages** organisés par les établissements de certaines académies. Ces visites sur une journée ou une demi-journée sont l'occasion de découvrir les filières et les spécialités, d'assister à un cours, d'observer des ateliers, de rencontrer des élèves et des professeurs.

Mars à juillet

FORMULER VOS VŒUX

→ De mars à mai, finalisez vos **vœux définitifs d'orientation** : type de diplôme visé (CAP ou bac professionnel), spécialité(s) envisagée(s), modalités de formation (temps plein ou apprentissage), établissements demandés.

→ À partir de mai, formulez vos **vœux définitifs d'affectation** par ordre de préférence, par une procédure informatisée. N'hésitez surtout pas à en exprimer plusieurs. Dans la voie professionnelle, les élèves peuvent se porter candidats dans n'importe quel lycée de l'académie, voire d'une autre académie, sous conditions (déménagement, formation rare...). Renseignez-vous bien sur le nombre de candidats qui postulent et sur la capacité d'accueil. Dès réception de la notification d'affectation, effectuez votre inscription dans l'établissement (dates à respecter) afin de ne pas perdre votre place au bénéfice d'un candidat inscrit sur liste d'attente.

Info+

Indépendante de la procédure d'affectation, la recherche d'un **maître d'apprentissage** commence dès le mois de janvier avec l'aide de votre famille et en vous renseignant dans les CFA. Mais il est conseillé de s'inscrire aussi en parallèle dans une formation à temps plein pour avoir une solution de repli.

PRÉPARER SON ENTRÉE DANS LE SUPÉRIEUR

Dès la classe de 1re, commencez à construire votre parcours, étape par étape.

Classe de 1re

SEPTEMBRE À DÉCEMBRE

→ Engagez le **dialogue** avec l'équipe éducative et participez aux **actions d'orientation et d'information** organisées dans votre lycée.

→ Profitez des **salons d'orientation** ou des **conférences thématiques** organisés dans votre région pour engager la réflexion avec vos proches, en prolongement de l'accompagnement effectué en classe.

→ Sur **www.onisep.fr**, consultez le guide ***Entrer dans le sup après le bac*** de votre région. Il permet de repérer toute l'offre de formation dans votre académie, avec indication des cursus publics et privés. Pour plus d'informations, consultez l'onglet « Après le bac » sur **www.onisep.fr**.

→ Pour une réflexion approfondie autour de vos centres d'intérêt et des formations que vous envisagez, prenez rendez-vous au **CIO (centre d'information et d'orientation)** le plus proche de chez vous.

DÉCEMBRE À FÉVRIER

→ Universités, écoles, CFA (centres de formation d'apprentis)... les établissements organisent des **JPO (journées portes ouvertes)**. Retrouvez les dates de ces journées sur **www.onisep.fr**, dans l'espace dédié à votre région ou sur le site de votre rectorat.

→ Des **journées d'immersion** permettent aussi de découvrir les formations des universités, seul ou avec sa classe. C'est l'occasion de rencontrer des étudiants et des enseignants, de suivre certains cours et de sentir l'atmosphère de travail.

→ L'accès à l'immense majorité des places dans le supérieur est régi par la **procédure nationale APB (Admission post-bac)**. Renseignez-vous sur les modalités, le calendrier, etc. Et familiarisez-vous avec l'utilisation d'APB en allant sur le site **www.simulation-apb.fr**.

Classe de terminale

SEPTEMBRE À DÉCEMBRE

→ Repérez sur **www.onisep.fr_APB** les filières pour lesquelles l'inscription s'effectue via la procédure Admission post-bac, et celles qui ont leurs propres procédures d'inscription.

→ Pour des renseignements précis sur une filière d'études, n'hésitez pas à poser toutes vos questions par courrier électronique, tchat ou téléphone aux conseillers de l'Onisep grâce au service **www.monorientationenligne.fr**.

DÉCEMBRE À MARS

→ Sur **www.onisep.fr**, consultez le guide ***Entrer dans le sup après le bac*** de votre région pour connaître l'offre de formation. Dès janvier, saisissez vos vœux sur **www.admission-postbac.fr**, ou directement auprès des établissements pour ceux qui ne passent pas par le portail d'inscription. Si vous cherchez une formation en **apprentissage**, postulez également auprès des entreprises.

→ Poursuivez aussi les **visites d'établissements**.

Info+

Le site **www.admission-postbac.fr** permet aux élèves de terminale d'effectuer des demandes d'inscription dans la plupart des filières du supérieur. Dès le mois de décembre, vous y trouverez la liste des formations ouvertes à la rentrée suivante, le calendrier et les différentes étapes à respecter, les profils particuliers (déjà bachelier, bac obtenu à l'étranger). Ceux qui optent pour l'université peuvent aussi faire une demande de conseil (dite « orientation active ») au sujet des licences qui les intéressent.

COMPARER LES FILIÈRES

Bac professionnel, BTS, DUT, master, diplôme d'ingénieur... retrouvez les caractéristiques des principales filières citées dans cette publication.

	CAP	Bac pro	BTS	DUT	Licence pro
Établissement	Lycée professionnel ou CFA	Lycée professionnel ou CFA	Section de techniciens supérieurs, en lycée ou en école	Institut universitaire de technologie, à l'université	Université
Niveau d'admission	Après la classe de 3e	Après la classe de 3e	Bac	Bac	Bac + 2
Durée des études	2 ans	3 ans	2 ans	2 ans	1 an
Accès	Sur dossier et avis du conseil de classe	Sur dossier et avis du conseil de classe	Sur dossier, parfois entretien	Sur dossier, parfois entretien	Sur dossier et entretien
Stages	12 à 16 semaines	22 semaines réparties sur 3 ans	8 à 12 semaines	10 à 16 semaines	12 à 16 semaines
Apprentissage	Oui (offre variable selon les spécialités)	Oui (offre variable selon les spécialités)	Oui (offre variable selon les spécialités)	Oui (offre variable selon les spécialités)	Oui (offre variable selon les spécialités)
Validation	Contrôle continu et/ou examen en fin de cursus	Contrôle continu et/ou examen en fin de cursus	Examen final avec une part de contrôle continu	Contrôle continu	Contrôle continu et/ou examen final
Droits annuels d'inscription*	Gratuits dans le public, variables dans le privé	Gratuits dans le public, variables dans le privé	Gratuits dans le public, variables dans le privé	184 € ; gratuits pour les boursiers	184 € ; gratuits pour les boursiers
Poursuite d'études	Bac pro, MC	BTS, BP	Pour plus de 50 % des diplômés, mais variables selon les spécialités	Pour plus de 80 % des diplômés	Pour plus de 20 % des diplômés

	Licence	Master	CPGE	Diplôme d'ingénieur
	Université	Université	Lycée	École d'ingénieurs
	Bac	Licence	Bac	Bac ou bac+2
	3 ans	2 ans	2 ans	3 à 5 ans selon le niveau d'admission
	Pas de sélection en L1, mais avoir un profil adapté à la filière	Sur dossier et entretien pour certains masters	Sur dossier	Sur dossier et/ou épreuves, et entretien
	Facultatifs le plus souvent	6 mois en moyenne	Non	28 semaines au minimum pendant le cycle ingénieur
	Très rare	Oui (offre variable selon les spécialités)	Non	Oui (offre variable selon les formations)
	Contrôle continu et/ou examen final	Contrôle continu et/ou examen final	Contrôle continu pour passer en 2de année	Contrôle continu
	184 €; gratuits pour les boursiers	256 €; gratuits pour les boursiers	Gratuits dans le public, variables dans le privé	610 € dans la majorité des écoles publiques; jusqu'à 9000 € dans les écoles privées. Gratuits pour les boursiers dans certaines écoles
	Le plus souvent, essentiellement en master	Variable selon les spécialités, surtout en doctorat	Concours pour intégrer les grandes écoles	Pour moins de 20 % des diplômés (mastère spécialisé, doctorat)

* Coûts pour l'année 2016-2017. *À noter:* les apprentis ne paient pas de droits de scolarité.
BP: brevet professionnel - BTS: brevet de technicien supérieur - CFA: centre de formation d'apprentis - CPGE: classes préparatoires aux grandes écoles - DUT: diplôme universitaire de technologie

CARNET D'ADRESSES DES FORMATIONS

L'information sur les formations et les établissements est mise à jour sur **www.onisep.fr**.

Au sommaire

CAP

Un CAP (certificat d'aptitude professionnelle) est dédié au secteur aéronautique. Liste des établissements y préparant classés par département, avec leur statut. Les formations en apprentissage sont signalées par un **A**.
Pour retrouver les adresses des autres CAP présentés dans cette publication, consultez **www.onisep.fr**.

AÉRONAUTIQUE

Option avionique

13 Vitrolles Lycée P Mendès-France 04 42 89 89 79 **Public S**
44 Pontchâteau LP Les Trois Rivières 02 40 45 66 80 **Public A** ou **S**
91 Cerny LP A Denis 01 64 57 60 22 **Public S**

Option structure

13 Vitrolles Lycée P Mendès-France 04 42 89 89 79 **Public S**
31 Beauzelle CFAI MP 05 61 58 86 88 **CFA privé A**
35 Redon Lycée M Callo 02 99 71 41 33 **Pr Sc S**
44 Nantes Pôle formation des industries technologiques - CFAI AFPI 02 51 13 21 51 **CFA privé A**
44 Saint-Nazaire Pôle formation des industries technologiques - CFAI AFPI 02 40 53 85 47 **CFA privé A**
46 Figeac LP JF Champollion 05 65 34 27 91 **Public A**
63 Clermont-Ferrand LP R Claustres 04 73 19 21 00 **Public S**

Option systèmes

17 Saintes EETAA 05 46 95 86 14 **Public S**
74 Cruseilles MFR - IMAA 04 50 44 15 11 **Pr Sc A**

BACS PROFESSIONNELS

Deux bacs professionnels sont spécifiques au secteur aéronautique. Liste des établissements y préparant classés par département, avec leur statut. Les formations en apprentissage sont signalées par un **A**.
Pour retrouver les adresses des autres bacs professionnels présentés dans cette publication, consultez **www.onisep.fr**.

AÉRONAUTIQUE

Option avionique

17 Saintes EETAA 05 46 95 86 14 **Public S**
29 Morlaix LP T Corbière 02 98 88 62 77 **Public S**
30 Nîmes Lycée F Mistral 04 66 04 72 72 **Public S**
31 Blagnac Lycée St-Exupéry 05 34 36 42 40 **Public S**
31 Toulouse LP Airbus 05 61 93 55 11 **Pr Sc A** ou **S**
33 Camblanes-et-Meynac LP F Tristan 05 56 20 77 04 **Public S**
34 Mauguio ESMA 04 67 13 75 00 **Pr Hc A** ou **S**
44 Saint-Nazaire LP Brossaud-Blancho 02 40 53 30 02 **Public A** ou **S**
54 Jarny Lycée J Zay 03 82 47 14 14 **Public A** ou **S**
59 Merville IAAG 03 28 42 94 49 **Pr Hc A**
63 Clermont-Ferrand LP R Claustres 04 73 19 21 00 **Public A** ou **S**
74 Cruseilles MFR - IMAA 04 50 44 15 11 **Pr Sc A**
91 Cerny LP A Denis 01 64 57 60 22 **Public S**
91 Massy CFA des métiers de l'aérien 01 64 53 88 60 **CFA privé A**

Option structure

13 Istres CFAI Provence 04 42 11 44 00 **CFA privé A**
13 Vitrolles Lycée P Mendès-France 04 42 89 89 79 **Public S**
17 Rochefort Lycée M Dassault 05 46 88 13 00 **Public A** ou **S**
29 Morlaix LP T Corbière 02 98 88 62 77 **Public S**
30 Nîmes Lycée F Mistral 04 66 04 72 72 **Public S**
31 Blagnac Lycée St-Exupéry 05 34 36 42 40 **Public A** ou **S**
31 Toulouse LP Airbus 05 61 93 55 11 **Pr Sc A** ou **S**
33 Bruges CFAI Aquitaine 05 56 57 44 50 **CFA privé A**
35 Redon Lycée M Callo 02 99 71 41 33 **Pr Sc A** ou **S**
40 Peyrehorade LPO J Taris 05 58 73 28 28 **Public S**
44 Nantes Pôle formation des industries technologiques - CFAI AFPI 02 51 13 21 51 **CFA privé A**
44 Saint-Nazaire Pôle formation des industries technologiques - CFAI AFPI 02 40 53 85 47 **CFA privé A**
59 Merville IAAG 03 28 42 94 49 **Pr Hc A**
63 Clermont-Ferrand LP R Claustres 04 73 19 21 00 **Public A** ou **S**
65 Tarbes CFA des industries de l'Adour 05 59 53 23 83 **CFA privé A**
65 Tarbes LP J Dupuy 05 62 34 03 74 **Public S**

80 Meaulte LP H Potez 03 22 64 32 23 **Pr Sc A** ou **S**
91 Massy CFA des métiers de l'aérien 01 64 53 88 60 **CFA privé A**
93 Le Blanc-Mesnil LP A Briand 01 48 67 12 13 **Public S**
95 Bonneuil-en-France CFA des métiers de l'aérien 01 64 53 88 60/64 **CFA privé A**

Option systèmes

05 Gap CFAR Campus de Gap 04 92 53 98 00 **CFA privé A**
13 Istres CFAI Provence 04 42 11 44 00 **CFA privé A**
13 Vitrolles Lycée P Mendès-France 04 42 89 89 79 **Public S**
17 Saintes EETAA 05 46 95 86 14 **Public S**
29 Morlaix LP T Corbière 02 98 88 62 77 **Public S**
30 Nîmes Lycée F Mistral 04 66 04 72 72 **Public S**
31 Blagnac Lycée St-Exupéry 05 34 36 42 40 **Public S**
33 Bruges CFAI Aquitaine 05 56 57 44 50 **CFA privé A**
33 Camblanes-et-Meynac LP F Tristan 05 56 20 77 04 **Public S**
34 Mauguio ESMA 04 67 13 75 00 **Pr Hc A** ou **S**
38 Meylan Lycée polyvalent du Grésivaudan 04 76 90 30 53 **Public S**
40 Peyrehorade LPO J Taris 05 58 73 28 28 **Public S**
44 Nantes Pôle formation des industries technologiques - CFAI AFPI 02 51 13 21 51 **CFA privé A**
44 Saint-Nazaire Pôle formation des industries technologiques - CFAI AFPI 02 40 53 85 47 **CFA privé A**
54 Jarny Lycée J Zay 03 82 47 14 14 **Public A** ou **S**
59 Armentières Lycée Institut N Barré 03 20 77 06 07 **Pr Sc A** ou **S**
59 Estaires Lycée Val de Lys 03 28 42 95 42 **Public S**
59 Merville IAAG 03 28 42 94 49 **Pr Hc A**
60 Saint-Maximin LP R et N de Rothschild 03 44 64 69 00 **Public S**
63 Clermont-Ferrand LP R Claustres 04 73 19 21 00 **Public A** ou **S**
71 Paray-le-Monial LP L Astier 03 85 81 02 58 **Public S**
74 Cruseilles MFR - IMAA 04 50 44 15 11 **Pr Sc A**
76 Sotteville-lès-Rouen UFA Marcel Sembat 02 32 81 50 55 **Public A**
91 Cerny LP A Denis 01 64 57 60 22 **Public S**
91 Massy CFA des métiers de l'aérien 01 64 53 88 60 **CFA privé A**
93 Le Blanc-Mesnil LP A Briand 01 48 67 12 13 **Public S**
971 Gourbeyre LP Blanchet 05 90 99 75 30 **Pr Sc S**
974 Saint-Leu Lycée Stella 02 62 34 20 20 **Public S**

AVIATION GÉNÉRALE

59 Merville IAAG 03 28 42 94 49 **Pr Hc A**
71 Paray-le-Monial LP L Astier 03 85 81 02 58 **Public S**
74 Cruseilles MFR - IMAA 04 50 44 15 11 **Pr Sc A**
91 Cerny LP A Denis 01 64 57 60 22 **Public S**

MC

Une MC (mention complémentaire) est dédiée au secteur aéronautique. Elle se prépare en un an après un bac professionnel du secteur.

AÉRONAUTIQUE

Option avionique

31 Blagnac Lycée St-Exupéry 05 34 36 42 40 **Public A** ou **S**
33 Bruges CFAI Aquitaine 05 56 57 44 50 **CFA privé A**
34 Mauguio ESMA 04 67 13 75 00 **Pr Hc A**
40 Peyrehorade LPO J Taris 05 58 73 28 28 **Public S**
54 Jarny Lycée J Zay 03 82 47 14 14 **Public A**
63 Clermont-Ferrand LP R Claustres 04 73 19 21 00 **Public A** ou **S**
74 Cruseilles MFR - IMAA 04 50 44 15 11 **Pr Sc A**
91 Cerny LP A Denis 01 64 57 60 22 **Public S**
91 Massy CFA des métiers de l'aérien 01 64 53 88 60 **CFA privé A**

Option avions à moteurs à pistons

31 Blagnac Lycée St-Exupéry 05 34 36 42 40 **Public A** ou **S**
91 Cerny LP A Denis 01 64 57 60 22 **Public S**

Option avions à moteurs à turbines

13 Istres CFAI Provence 04 42 11 44 00 **CFA privé A**
13 Vitrolles Lycée P Mendès-France 04 42 89 89 79 **Public S**
29 Morlaix LP T Corbière 02 98 88 62 77 **Public S**
31 Blagnac Lycée St-Exupéry 05 34 36 42 40 **Public A** ou **S**
33 Bruges CFAI Aquitaine 05 56 57 44 50 **CFA privé A**
34 Mauguio ESMA 04 67 13 75 00 **Pr Hc A**
38 Meylan Lycée polyvalent du Grésivaudan 04 76 90 30 53 **Public A**
40 Peyrehorade LPO J Taris 05 58 73 28 28 **Public S**
44 Nantes Pôle formation des industries technologiques - CFAI AFPI 02 51 13 21 51 **CFA privé A**
54 Jarny Lycée J Zay 03 82 47 14 14 **Public A**
59 Merville IAAG 03 28 42 94 49 **Pr Hc A**
63 Clermont-Ferrand LP R Claustres 04 73 19 21 00 **Public A** ou **S**
74 Cruseilles MFR - IMAA 04 50 44 15 11 **Pr Sc A**
91 Cerny LP A Denis 01 64 57 60 22 **Public S**
91 Massy CFA des métiers de l'aérien 01 64 53 88 60 **CFA privé A**
93 Le Blanc-Mesnil LP A Briand 01 48 67 12 13 **Public S**
974 Saint-Leu Lycée Stella 02 62 34 20 20 **Public S**

Option hélicoptères à moteurs à turbines

13 Vitrolles Lycée P Mendès-France 04 42 89 89 79 **Public S**
29 Morlaix LP T Corbière 02 98 88 62 77 **Public S**
38 Meylan Lycée polyvalent du Grésivaudan 04 76 90 30 53 **Public A**
40 Peyrehorade LPO J Taris 05 58 73 28 28 **Public S**
54 Jarny Lycée J Zay 03 82 47 14 14 **Public A**
63 Clermont-Ferrand LP R Claustres 04 73 19 21 00 **Public A** ou **S**
91 Massy CFA des métiers de l'aérien 01 64 53 88 60 **CFA privé A**

CFA : centre de formation d'apprentis
LP : lycée professionnel
Pr Hc : privé hors contrat
Pr Sc : privé sous contrat
A : statut de l'élève apprenti
S : statut de l'élève scolaire

BTS

Un BTS (brevet de technicien supérieur) est dédié au secteur aéronautique. Liste des établissements y préparant classés par département et leur statut. Les formations en apprentissage sont signalées par un **A**. Pour retrouver les autres spécialités qui mènent au secteur, consultez **www.onisep.fr**. Pour retrouver les adresses des autres spécialités présentées dans cette publication, consultez **www.onisep.fr**.

AÉRONAUTIQUE

13 Istres CFAI Provence 04 42 11 44 00 **CFA privé A**
13 Vitrolles Lycée P Mendès-France 04 42 89 89 79 **Public S**
17 Rochefort Lycée M Dassault 05 46 88 13 00 **Public A**
29 Morlaix Lycée T Corbière 02 98 88 62 77 **Public S**
30 Nîmes Lycée E d'Alzon 04 66 04 93 00 **Pr Sc S**
31 Blagnac Lycée St-Exupéry 05 34 36 42 40 **Public S** ou **A**
33 Bruges CFAI Aquitaine 05 56 57 44 50 **CFA privé A**
33 Camblanes-et-Meynac LP F Tristan 05 56 20 77 04 **Public S**
34 Mauguio ESMA 04 67 13 75 00 **Pr Hc S**
38 Meylan Lycée polyvalent du Grésivaudan 04 76 90 30 53 **Public S**
44 Saint-Nazaire Lycée A Briand 02 40 00 25 25 **Public S** ou **A**
59 Hazebrouck Lycée des Flandres 03 28 43 76 76 **Public S**
63 Clermont-Ferrand LP du Roger Claustres 04 73 19 21 00 **Public S** ou **A**
91 Massy CFA des métiers de l'aérien 01 64 53 88 60 **CFA privé A**

DUT

Il n'existe pas de DUT (diplôme universitaire de technologie) dédié au secteur aéronautique. Plusieurs spécialités sont toutefois appréciées des recruteurs. Pour retrouver les adresses des DUT cités dans cette publication, consultez **www.onisep.fr**.

LICENCES PROFESSIONNELLES

Sont présentées ici les licences professionnelles ayant une spécialisation dédiée à l'aéronautique et au spatial. Pour chacune est indiquée l'université ou l'école proposant la formation (en bleu), suivi de la commune (en noir). Les formations en apprentissage sont indiquées par un **A**. Retrouvez l'ensemble des licences professionnelles sur **www.onisep.fr**.

■ Électricité et électronique spécialité
- électronique pour l'aéronautique et spatial : Univ. de Rouen Mont-Saint-Aignan

■ Gestion de la production industrielle spécialité
- gestion de projets industriels : Univ. de Nantes Saint-Nazaire **A**

■ Maintenance des systèmes pluritechniques spécialité
- aéronautique : École de l'air Salon-de-Provence Salon-de-Provence, Univ. d'Aix-Marseille Gap **A**

■ Mention métiers de l'électronique : communication, systèmes embarqués parcours :
- compatibilité électromagnétique des systèmes embarqués aéronautiques : Lycée polyvalent du Grésivaudan Meylan **A**, Univ. Grenoble Alpes Saint-Martin-d'Hères **A**

■ Mention métiers de l'industrie : industrie aéronautique parcours :
- équipements aéronautiques et spatiaux : Université Paris Nanterre Ville-d'Avray **A**
- propulsions aéronautique et spatiale : Université Paris Nanterre Ville-d'Avray **A**
- structures aéronautiques et spatiales : Université Paris Nanterre Ville-d'Avray **A**
- maintenance aéronautique avionique : Univ. de Bordeaux Talence **A**
- maintenance aéronautique structure : Univ. de Bordeaux Talence **A**
- maintenance aéronautique : Univ. Toulouse 2 - J. Jaurès Blagnac **A**
- techniques industrielles en aéronautique et spatial (TIAS) : Univ. Toulouse 3 P. Sabatier Toulouse **A**

■ Production industrielle spécialité
- conception et production aéronautique : Univ. de Bourgogne Le Creusot

■ Réseaux et télécommunications spécialité
- intégration des systèmes embarqués en aéronautique : Univ. d'Aix-Marseille Salon-de-Provence **A**

LICENCES

Sont présentées ici les licences présentant un parcours dédié à l'aéronautique. Pour chacune est indiquée l'université proposant la formation (en bleu), suivie de la commune (en noir). Les formations en apprentissage sont indiquées par un **A**. Retrouvez l'ensemble des licences sur **www.onisep.fr**.

■ Mention mécanique parcours :
- génie mécanique en aéronautique (de L1 à L3) : Univ. Toulouse 3 P. Sabatier Toulouse **A**

■ Mention sciences pour l'ingénieur parcours :
- aéronautique et spatial (L3) : Univ. d'Évry Courcouronnes **A**
- automatique et génie électrique (L3) : Univ. d'Évry Courcouronnes **A**
- design industriel (L3) : Univ. d'Évry Courcouronnes **A**
- génie informatique (L3) : Univ. d'Évry Courcouronnes **A**
- génie mécanique (L3) : Univ. d'Évry Courcouronnes **A**
- robotique, productique, logistique (L3) : Univ. d'Évry Courcouronnes **A**
- cursus master en ingénierie (CMI Figure) ingénierie et maintenance des systèmes pour l'aéronautique et les transports (de L1 à L3) : Univ. de Bordeaux Talence **A**

MASTERS

Sont présentés ici les masters ayant une spécialisation en lien avec l'aéronautique et le spatial. Pour chacun est indiquée l'université ou l'école proposant la formation (en bleu), suivie de la commune (en noir). Les formations en apprentissage sont indiquées par un **A**. Retrouvez l'ensemble des masters sur **www.onisep.fr**.

■ Mention aéronautique et espace : Mines d'Albi-Carmaux Albi

■ Mention aéronautique et espace parcours :
- dynamique et durabilité des composites : Centrale Lyon Écully
- propulsion : Centrale Lyon Écully

■ Mention électronique, énergie électrique, automatique parcours :
- cursus master en ingénierie (CMI Figure) capteurs et systèmes associés (M1 et M2) : Univ. de Montpellier Montpellier
- ingénierie électrique et fiabilité des systèmes (M1 et M2) : Univ. de Montpellier Montpellier
- ingénierie des systèmes spatiaux (M1 et M2) : Univ. de Montpellier Montpellier
- systèmes électroniques intégrés (M1 et M2) : Univ. de Montpellier Montpellier
- E3A (M1) : Paris-Saclay Saclay **A**
- E3A voie andré ampère (M1) : Paris-Saclay Saclay **A**
- E3A voie andré ampère ENS Cachan (M1) : Paris-Saclay Saclay **A**
- automatique et traitement du signal des images (M2) : Paris-Saclay Saclay **A**
- composants et antennes pour les télécoms (M2) : Paris-Saclay Saclay **A**
- intégration circuits-systèmes (M2) : Paris-Saclay Saclay **A**
- ingénierie des systèmes aéronautiques et spatiaux (M2) : Paris-Saclay Saclay **A**
- physique et ingénierie de l'énergie (M2) : Paris-Saclay Saclay **A**
- réseaux optiques et systèmes photoniques (M2) : Paris-Saclay Saclay **A**
- réseaux et télécoms (M2) : Paris-Saclay Saclay **A**
- réalité virtuelle et systèmes intelligents (M2) : Paris-Saclay Saclay **A**
- smart aerospace & autonomous systems (M2) : Paris-Saclay Saclay **A**
- systèmes automatiques mobiles (M2) : Paris-Saclay Saclay **A**
- systèmes avancés de radiocommunications (M2) : Paris-Saclay Saclay **A**
- systèmes embarqués et traitement de l'information (M2) : Paris-Saclay Saclay **A**
- traitement de l'information et exploitation des données (M2) : Paris-Saclay Saclay **A**
- énergie électrique : conversion, matériaux, développement durable (E2-CMD) (M2) : Univ. Toulouse 3 P. Sabatier Toulouse
- sciences et technologies des plasmas (STP) (M2) : Univ. Toulouse 3 P. Sabatier Toulouse
- électronique des systèmes embarqués et télécommunications (ESET) (M2) : Univ. Toulouse 3 P. Sabatier Toulouse
- systèmes et microsystèmes embarqués (SME) (M2) : Univ. Toulouse 3 P. Sabatier Toulouse
- ingénierie des systèmes temps réel (ISTR) (M2) : Univ. Toulouse 3 P. Sabatier Toulouse
- signal imagerie et applications audio-vidéo médicales et spatiales (SIA-AMS) (M2) : Univ. Toulouse 3 P. Sabatier Toulouse

■ Mention énergie parcours :
- dynamique des fluides et énergétique (M2) : Paris-Saclay Saclay
- aéronautique et spatial : mécanique, automatique, énergétique (M2) : Paris-Saclay Saclay
- matériaux pour l'énergie et les transports (M2) : Paris-Saclay Saclay

■ Mention espaces et applications : Univ. Paris Diderot Paris

■ Mention fluides et systèmes énergétiques spécialité mécanique des fluides, fondements et applications parcours :
- aérodynamique : Arts et Métiers ParisTech Paris
- aéro-acoustique : Arts et Métiers ParisTech Paris

■ Mention génie industriel parcours :
- énergétique et matériaux pour l'ingénieur (M1 et M2) : Université Paris Nanterre Ville-d'Avray **A**
- électronique embarquée et systèmes de communication (M1 et M2) : Université Paris Nanterre Ville-d'Avray **A**
- mécanique des structures composites : aéronautique et écoconception (M1 et M2) : Université Paris Nanterre Ville-d'Avray **A**

■ Mention génie mécanique parcours :
- conception en aéronautique (M2) : Univ. Toulouse 3 P. Sabatier Toulouse
- calcul en aéronautique (M2) : Univ. Toulouse 3 P. Sabatier Toulouse
- productique en aéronautique (M2) : Univ. Toulouse 3 P. Sabatier Toulouse
- sciences pour la mécanique des matériaux et des structures (SMMS) (M2) : Univ. Toulouse 3 P. Sabatier Toulouse

■ Mention génie mécanique en aéronautique spécialité :
- génie mécanique : Insa Toulouse Toulouse, Isae-Supaéro Toulouse Toulouse

■ Mention géomatique parcours :
- géomatique (M1) : Univ. Paris-Est Champs-sur-Marne
- technologies des systèmes d'information (M2) : Univ. Paris-Est Champs-sur-Marne
- information géographique : analyse spatiale et télédétection (M2) : Univ. Paris-Est Champs-sur-Marne

■ Mention ingénierie des systèmes complexes parcours :
- automatique et mécatronique, automobile, aéronautique et spatial (de S2 à S4) : Univ. de Bordeaux Talence **A**
- ingénierie des systèmes pour l'image et le signal (M1 et M2) : Univ. de Bordeaux Talence **A**
- systèmes électroniques (de S2 à S4) : Univ. de Bordeaux Talence **A**
- ingénierie des systèmes complexes - Voie recherche (M1) : Paris-Saclay Saclay **A**
- ingénierie des systèmes complexes - Voie industrie (M1) : Paris-Saclay Saclay **A**
- conception et commande des systèmes critiques (M2) : Paris-Saclay Saclay **A**
- ingénierie de la conception (M2) : Paris-Saclay Saclay **A**
- industries numériques (M2) : Paris-Saclay Saclay **A**
- ingénierie numérique produit process (M2) : Paris-Saclay Saclay **A**

A : statut de l'élève apprenti

Masters (suite)

• organisation et pilotage de la maintenance aéronautique (M2) : Paris-Saclay Saclay A

• organisation et pilotage des systèmes logistiques (M2) : Paris-Saclay Saclay A

• conception des systèmes cyber-physiques (M2) : Paris-Saclay Saclay A

■ Mention maintenance aéronautique parcours :

• cursus master ingénierie CMI Figure ingénierie et maintenance des systèmes pour l'aéronautique et les transports - ingénierie des structures composites (M1 et M2) : Univ. de Bordeaux Talence A

• cursus master ingénierie CMI Figure ingénierie et maintenance des systèmes pour l'aéronautique et les transports - ingénierie des systèmes électroniques embarqués (M1 et M2) : Univ. de Bordeaux Talence A

• cursus master ingénierie CMI Figure ingénierie et maintenance des systèmes pour l'aéronautique et les transports - ingénierie et maintenance aéronautique avionique (M1 et M2) : Univ. de Bordeaux Talence A

• cursus master ingénierie CMI Figure ingénierie et maintenance des systèmes pour l'aéronautique et les transports - ingénierie et maintenance aéronautique structure (M1 et M2) : Univ. de Bordeaux Talence A

• ingénierie des systèmes électroniques embarqués (M1 et M2) : Univ. de Bordeaux Talence A

• ingénierie et maintenance aéronautique avionique (M1 et M2) : Univ. de Bordeaux Talence A

• ingénierie et maintenance aéronautique structure (M1 et M2) : Univ. de Bordeaux Talence A

• support client pour l'aéronautique (M1 et M2) : Univ. de Bordeaux Talence A

■ Mention matériaux spécialité :

• matériaux et structures pour l'aéronautique et le spatial : INP Toulouse Toulouse

■ Mention mécanique spécialité :

• océans, atmosphère, climat et observations spatiales : École polytechnique (l'X) Palaiseau Palaiseau

■ Mention mécanique physique et ingénierie spécialités :

• aéronautique et espace : Centrale Marseille Marseille

• aéronautique et espace parcours :

• recherche et développement (M1) : Univ. d'Aix-Marseille Marseille

• ingénierie et conception (M1) : Univ. d'Aix-Marseille Marseille

• aéronautique et espace (M2) : Univ. d'Aix-Marseille Marseille

■ Mention observation de la Terre et géomatique : Univ. de Strasbourg Strasbourg

■ Mention physique et applications spécialité :

• océan, atmosphère, climat et observations spatiales : École des ponts ParisTech Champs-sur-Marne, ENS Paris Paris

■ Mention physique et astrophysique spécialité :

• astrophysique, science de l'espace et planétologie : Isae-Supaéro Toulouse Toulouse

■ Mention physique et sciences pour l'ingénieur spécialités :

• physique et surveillance de l'environnement parcours :

• surveillance de l'océan et de l'atmosphère (S3) : Univ. de Toulon La Garde

• physique de l'océan et de l'atmosphère (S3) : Univ. de Toulon La Garde

• signal et trajectographie : Univ. de Toulon La Garde

■ Mention physique fondamentale et applications parcours :

• astronomie, astrophysique et ingénierie spatiale : Univ. Pierre et Marie Curie Paris

• océan, atmosphère, climat et observations spatiales : Univ. Pierre et Marie Curie Paris

• systèmes complexes : Univ. Pierre et Marie Curie Paris

■ Mention physique fondamentale et sciences pour l'ingénieur spécialité

• astronomie, astrophysique et ingénierie spatiale : Univ. Paris Diderot Paris

■ Mention réseaux et télécommunication parcours :

• télécommunications aéronautiques, spatiales et terrestres (TAST) : Univ. Toulouse 3 P. Sabatier Toulouse

• réseaux embarqués et objets connectés (REOC) (M2) : Univ. Toulouse 3 P. Sabatier Toulouse

■ Mention science politique spécialité :

• défense et dynamiques industrielles : Univ. Panthéon-Assas Paris A

■ Mention sciences appliquées spécialité :

• mécanique, aéronautique et spatial : Centrale Supélec Gyf-sur-Yvette Gif-sur-Yvette, Centrale Supélec Paris Châtenay-Malabry

■ Mention sciences de la Terre et des planètes, environnement parcours :

• STEPE - planétologie et exploration spatiale (M1) : Paris-Saclay Saclay A

• climat, environnement, applications et recherche - interaction climat, environnement et télédétection (M2) : Paris-Saclay Saclay A

• planétologie et exploration spatiale (M2) : Paris-Saclay Saclay A

■ Mention sciences de la Terre et des planètes, environnement spécialité :

• télédétection et techniques spatiales : Univ. Paris Diderot Paris

■ Mention sciences de la Terre, de l'environnement et des planètes spécialité :

• télédétection et techniques spatiales : ENS Paris Paris

■ Mention sciences de la Terre, de l'univers et de l'environnement spécialité :

• sciences de l'atmosphère et de l'espace parcours :

• environnement, atmosphères et planète : Univ. d'Orléans Orléans

• exploration spatiale : Univ. d'Orléans Orléans

■ Mention sciences de l'univers et technologies spatiales parcours :

• astrophysique, sciences de l'espace et planétologie (ASEP) (M2) : Univ. Toulouse 3 P. Sabatier Toulouse

• techniques spatiales et instrumentation (TSI) (M2) : Univ. Toulouse 3 P. Sabatier Toulouse

■ Mention sciences de l'univers, environnement, écologie spécialité :

• océan, atmosphère, climat et observations spatiales : Paris-Saclay Paris

■ Mention sciences et génie des matériaux parcours :

• matériaux : élaboration, caractérisation

• et traitements de surface (MECTS) (M2) : Univ. Toulouse 3 P. Sabatier Toulouse
• matériaux et structures pour l'aéronautique et le spatial (MSAS) (M2) : Univ. Toulouse 3 P. Sabatier Toulouse

Mention sciences pour l'ingénieur spécialité :
• transports aéronautiques et terrestres : Univ. de Poitiers Futuroscope

ÉCOLES D'INGÉNIEURS

Liste (par ordre alphabétique) des écoles d'ingénieurs proposant une orientation en aéronautique et spatial. Sont mentionnés le statut de l'établissement et les cursus proposés en apprentissage (signalés par un A). Retrouvez toutes les écoles d'ingénieurs sur www.onisep.fr.

Recrutement bac ou équivalent

Ces écoles recrutent des titulaires du bac pour une formation en 5 ans, et offrent également des accès après un bac + 2 ou un bac + 3, notamment.

ECE Paris
École centrale d'électronique - groupe ECE 75015 Paris 01 44 39 06 00 **Pr reconnu** www.ece.fr A

Elisa Aerospace Saint-Quentin
École d'ingénieurs des sciences aérospatiales 02100 Saint-Quentin 03 23 68 06 11 **Pr reconnu** www.elisa-aerospace.fr

ENI Metz
École nationale d'ingénieurs de Metz 57078 Metz 03 87 34 69 00 **Public** www.enim.fr

EPF école d'ingénieurs généralistes Montpellier
EPF école d'ingénieurs généralistes 34000 Montpellier 04 99 65 41 81 **Pr reconnu** www.epf.fr A

EPF école d'ingénieurs généralistes Sceaux
EPF école d'ingénieurs généralistes 92330 Sceaux 01 41 13 01 51 **Pr reconnu** www.epf.fr A

EPF école d'ingénieurs généralistes Troyes
EPF école d'ingénieurs généralistes 10430 Rosières-près-Troyes 01 41 13 48 96 **Pr reconnu** www.epf.fr

Esigetel Villejuif
École supérieure d'ingénieurs en informatique et génie des télécommunications 94800 Villejuif 01 45 15 03 20 **Pr reconnu** www.esigetel.fr A

Esilv Courbevoie
École supérieure d'ingénieurs Léonard de Vinci 92400 Courbevoie 01 41 16 71 72 **Pr reconnu** www.esilv.fr A

Esme Sudria Lille
École spéciale de mécanique et d'électricité 59000 Lille 03 20 15 84 44 **Pr reconnu**

Esme Sudria Lyon
École spéciale de mécanique et d'électricité 69002 Lyon 04 37 23 19 95 **Pr reconnu** www.esme.fr

Esme Sudria Paris
École spéciale de mécanique et d'électricité 75015 Paris 01 56 20 62 00 **Pr reconnu** www.esme.fr A

Estaca Laval
École supérieure des techniques aéronautiques et de construction automobile 53061 Laval 02 43 59 47 00 **Pr reconnu** www.estaca.fr

Estaca Paris
École supérieure des techniques aéronautiques et de construction automobile 78180 Montigny-le-Bretonneux 01 75 64 50 41 **Pr reconnu** www.estaca.fr

Insa Rouen
Institut national des sciences appliquées 76801 Saint-Étienne-du-Rouvray 02 32 95 97 00 **Public** www.insa-rouen.fr

Ipsa Ivry
Institut polytechnique des sciences avancées 94200 Ivry-sur-Seine 01 56 20 62 60 **Pr reconnu** www.ipsa.fr

Ipsa Toulouse
Institut polytechnique des sciences avancées 31400 Toulouse 05 67 70 67 10 **Pr reconnu** www.ipsa.fr

Polytech Marseille
École d'ingénieurs Polytech 13288 Marseille 04 91 82 85 00 **Public** www.polytech-marseille.fr

Polytech Orléans
École d'ingénieurs Polytech 45100 Orléans 02 38 41 70 50 **Public** www.polytech-orleans.fr

Polytech Paris-UPMC
École polytechnique universitaire Pierre et Marie Curie 75252 Paris 01 44 27 73 13 **Public** www.polytech.upmc.fr

Recrutement bac + 2

Ces écoles recrutent des élèves issus des classes prépa et les titulaires d'un bac + 2 ou plus.

Arts et Métiers ParisTech - Centre d'Aix en Provence
Arts et Métiers ParisTech 13167 Aix-en-Provence 04 42 93 81 35 **Public** www.ensam.eu/Campus-et-instituts/Campus-Aix-en-Provence A

Arts et Métiers ParisTech - Centre d'Angers
Arts et Métiers ParisTech 49035 Angers 02 41 20 73 73 **Public** www.ensam.eu A

Arts et Métiers ParisTech - Centre de Châlons-en-Champagne
Arts et Métiers ParisTech 51006 Châlons-en-Champagne 03 26 69 26 89 **Public** www.ensam.eu A

Arts et Métiers ParisTech - Centre de Cluny
Arts et Métiers ParisTech 71250 Cluny 03 85 59 53 53 **Public** www.ensam.eu

Arts et Métiers ParisTech - Centre de Lille
Arts et Métiers ParisTech 59046 Lille 03 20 62 22 10 **Public** www.ensam.eu

Arts et Métiers ParisTech - Centre de Metz
Arts et Métiers ParisTech 57078 Metz 03 87 37 54 30 **Public** www.ensam.eu

Arts et Métiers ParisTech - Centre de Talence
Arts et Métiers ParisTech 33405 Talence 05 56 84 53 33 **Public** www.ensam.eu

Arts et Métiers ParisTech
Arts et Métiers ParisTech 75013 Paris 01 44 24 62 76 **Public** www.ensam.eu A

Pr Hc : privé hors contrat
Pr Sc : privé sous contrat
A : statut de l'élève apprenti

Écoles d'ingénieurs (suite)

Bordeaux INP-Enseirb - Matméca
ENS d'électronique, informatique, télécommunications, mathématiques et mécanique de Bordeaux 33402 Talence 05 56 84 65 00 **Public** www.enseirb-matmeca.fr

Centrale Lyon
École centrale de Lyon 69134 Ecully 04 72 18 60 00 **Public** www.ec-lyon.fr

Centrale Supélec Paris
Centrale Supélec 92295 Châtenay-Malabry 01 41 13 10 00 **Public** www.centralesupelec.fr A

École de l'air Salon-de-Provence
École de l'air 13661 Salon-de-Provence 04 90 17 83 24 **Public** ecole-air.fr

École navale Brest
École navale 29240 Brest 02 98 23 46 00 **Public** www.ecole-navale.fr

EI Cnam Poitou-Charentes - Futuroscope Chasseneuil
EICnam Poitou-Charentes 86360 Chasseneuil-du-Poitou 0820 20 26 26 **Public** www.cnam-poitou-charentes.fr A

EIDD Paris
École d'ingénieurs Denis Diderot Paris 75205 Paris 01 57 27 65 39 **Public** www.univ-paris-diderot.fr/eidd

Enac Toulouse, Montpellier
École nationale de l'aviation civile 31055 Toulouse 05 62 17 40 00 **Public** www.enac.fr A

EURECOM
EURECOM 06410 Biot 04 93 00 81 00 **Pr Sc** www.eurecom.fr

Isae-Ensma Poitiers - Futuroscope
ISAE École nationale supérieure de mécanique et d'aérotechnique 86961 Futuroscope 05 49 49 80 80 **Public** www.ensma.fr

Isae-Supaéro Toulouse
Institut supérieur de l'aéronautique et de l'espace 31055 Toulouse 05 61 33 80 60 **Public** www.isae-supaero.fr A

ITII PACA
Institut des techniques d'ingénieur de l'industrie, Provence-Alpes-Côte d'Azur 13800 Istres 04 42 11 44 00 **Pr reconnu** www.itii-paca.com A

Mines d'Albi-Carmaux
École nationale supérieure des mines 81013 Albi 05 63 49 30 00 **Public** www.mines-albi.fr A

SeaTech Toulon La Garde
École d'ingénieurs de l'université de Toulon 83041 Toulon 04 83 16 66 60 **Public** www.seatech.fr A

Télécom ParisTech
Télécom ParisTech École nationale supérieure des télécommunications 75634 Paris 0 815 855 866 Public www.telecom-paristech.fr A

http://

SITES UTILES

Pour en savoir plus sur les métiers, les formations et l'emploi dans le secteur aéronautique et spatial.

ORGANISMES, FÉDÉRATIONS ET PRESSE

www.aeroemploiformation.com
Site portail de l'industrie aéronautique et spatiale réalisé par l'association Aprodeas (Association pour la promotion et le développement d'actions de formation pour les entreprises aéronautiques et spatiales) : offres d'emploi et de stages, base de données de CV, annuaire des entreprises du secteur, informations métiers et formations.

www.air-cosmos.com
Site de la revue *Air & Cosmos* : actualités de l'industrie aéronautique et spatiale, offres d'emploi.

www.airemploi.org
Site d'Airemploi Espace Orientation : données chiffrées, fiches et vidéos métiers, liens vers des sites d'emploi spécialisés... Dans le cadre de l'espace d'information et d'orientation : entretiens individuels et réunions d'information, tests d'orientation, agenda des salons et forums.

www.apec.fr
Site de l'Apec (Association pour l'emploi des cadres) : enquêtes sur l'insertion, les secteurs d'activité - dont l'industrie -, les métiers, offres d'emploi destinées notamment aux jeunes diplômés.

www.cnes.fr
Site du Cnes (Centre national d'études spatiales) : ses missions, les sciences spatiales et ses applications pour le grand public. Site spécial jeunes : www.cnes-jeunes.fr, avec un espace médiathèque, des animations, des actualités, profilés par public (12-18 ans, étudiants...).

www.ellesbougent.com
Site de l'association « Elles bougent » qui encourage les lycéennes et étudiantes dans leurs choix d'orientation vers les formations scientifiques et les métiers de l'ingénierie : rencontres et visites d'entreprises, système de marraines...

www.gifas.asso.fr
Site du Gifas (Groupement des industries françaises aéronautiques et spatiales) : chiffres clés, liste des manifestations, liens vers des publications numériques sur les métiers et les formations.

www.hanvol-insertion.aero
Site de l'association Hanvol, dédiée à la formation et à l'insertion professionnelle des personnes en situation de handicap dans l'industrie aéronautique et spatiale. Actualités, vidéos, espace pour déposer son CV.

www.les-industries-technologiques.fr
Site de l'UIMM (Union des industries et métiers de la métallurgie) : fiches métiers, témoignages, infos carrières.

http://metiers-du-spatial.com
Site sur le spatial édité par le rectorat de Toulouse, en partenariat avec l'Onisep, le Gifas, le Cnes... : fiches métiers, avec une recherche par centre d'intérêt et par matière.

www.onera.fr
Site de l'Onera (Office national d'études et de recherches aérospatiales) : présentation du métier d'ingénieur-chercheur à l'Onera.

ÉVÉNEMENTS

http://www.entreprises.gouv.fr/semaine-industrie
La Semaine de l'industrie a lieu tous les ans, en mars, et présente l'industrie et ses métiers à travers des événements dans toute la France : visites d'entreprises et d'établissements d'enseignement, conférences et expositions, animations et ateliers pratiques, forums des métiers.

www.siae.fr
Le Salon international de l'aéronautique et de l'espace a lieu tous les 2 ans (2017, 2019), en juin, au Parc des expositions Paris-Le Bourget : conférences et animations sur les thèmes métier, emploi et formation dans l'onglet « Événements » : l'Avion des métiers et le Forum emploi formation.

www.salondesformationsaero.fr
Le Salon des formations et métiers aéronautiques se déroule tous les ans, en janvier, au Musée de l'air et de l'espace - Le Bourget : exposants et conférences sur les métiers et formations en aéronautique et espace.

RESSOURCES ONISEP

Des pistes à explorer, pour compléter votre information autour des métiers et des formations de l'aéronautique et du spatial.

LES PUBLICATIONS

→ *Les métiers de l'électronique et de la robotique*, 2015.
→ *Les métiers de la mécanique*, 2015.
→ *Les métiers de l'informatique*, 2017.

Trois publications dans la collection « Parcours » sur des secteurs qui mobilisent des compétences fondamentales pour l'industrie aéronautique et spatiale.

→ *Classes prépa*, 2016.
→ *Écoles d'ingénieurs*, 2016.
→ *Université : bien choisir sa licence*, 2017.

Trois publications dans la collection « Dossiers » pour approfondir son information sur les prépas, les écoles d'ingénieurs et les licences à l'université.

À consulter au CDI des collèges et des lycées ou au CIO (centre d'information et d'orientation). Également en vente sur **onisep.fr/lalibrairie**.

Info@

Rencontrer un conseiller

Pour réfléchir à votre orientation et recevoir une information personnalisée, n'hésitez pas à prendre rendez-vous dans le cadre de la permanence assurée dans les collèges et les lycées publics ou auprès d'un CIO (centre d'information et d'orientation). Plus de 500 CIO : adresses sur **www.onisep.fr**.

LE SITE

onisep.fr

Pour aller plus loin sur les filières de formation évoquées dans cette publication ou compléter votre carnet d'adresses des formations.

DES VIDÉOS

onisep tv

Quelques vidéos à découvrir autour des métiers de l'aéronautique et du spatial sur **oniseptv.onisep.fr**.

UN SERVICE

onisep mon orientation en ligne.fr

Vous avez encore des interrogations après la lecture de cet ouvrage ? L'Onisep vous répond personnellement, avec trois possibilités de contact : par courrier électronique via **monorientationenligne.fr** ; par tchat ; par téléphone au 01 77 77 12 25 (appel non surtaxé) ; du lundi au vendredi, de 10 h à 20 h en métropole.

LEXIQUE

Au fil de votre lecture, vous avez peut-être rencontré des termes liés à l'aéronautique et au spatial, aux études ou à l'emploi que vous ne connaissiez pas. Définitions.

Admissions parallèles: procédure de sélection permettant d'entrer dans une école par d'autres voies d'accès que l'admission dite « principale ». On peut, par exemple, rejoindre une école d'ingénieurs avec un DUT ou une licence, sans passer par une classe préparatoire.

Aérodynamisme: étude des mouvements d'écoulement de l'air autour d'un aéronef ou d'une de ses parties, afin de mesurer sa pénétration dans l'air.

Aéronef: terme générique désignant tous les appareils capables de voler dans les airs par leurs propres moyens (avions, hélicoptères, planeurs, drones).

APB: Admission post-bac, portail d'inscription dans l'enseignement supérieur.

ATS: adaptation technicien supérieur. Les prépas ATS accueillent des titulaires de BTS et de DUT scientifiques et industriels souhaitant préparer, en un an, leur admission en école d'ingénieurs.

Avionique: équipements électroniques, informatiques et électriques qui aident au pilotage d'un aéronef (radios, systèmes de navigation, pilote automatique).

Avionneur: constructeur d'avions. Il conçoit les aéronefs et assure l'assemblage final des sous-ensembles et pièces fabriqués par des sous-traitants.

Banc de tests: système qui reproduit les conditions d'utilisation d'un élément pour tester son fonctionnement et ses performances.

Brevet: titre de propriété industrielle donnant à une entreprise le monopole d'exploitation de l'innovation faisant l'objet du brevet, pour une durée de 20 ans.

Bureau d'études: les entreprises et organismes publics font réaliser des études techniques et scientifiques par leurs bureaux d'études internes ou par des structures externes.

Cahier des charges: document décrivant les caractéristiques (délais, coûts, spécificités technologiques) auxquelles un produit ou un projet en cours de conception doit répondre.

CAO: conception assistée par ordinateur. C'est l'utilisation de logiciels et outils informatiques pour dessiner différentes parties d'un aéronef et effectuer des calculs.

CDD: contrat à durée déterminée. Concerne les salariés employés pour une période limitée. Peut être renouvelé sous certaines conditions.

CDI: contrat à durée indéterminée. Concerne les salariés employés sans limite de temps et dans un emploi stable.

Cellule: ossature d'un avion qui se compose du fuselage (coque de l'avion), de la voilure (les deux ailes qui assurent la portance), des empennages (qui assurent la stabilité de l'avion), du train d'atterrissage.

Cockpit: poste de pilotage d'un avion.

Composite: matériau performant composé d'au moins deux constituants distincts (fibres de verre, carbone, Kevlar®) dont les qualités se complètent pour former un matériau plus performant.

Doctorat: diplôme à bac + 8 délivré après soutenance d'une thèse devant un jury. Ce travail de recherche contribue à l'avancement des connaissances sur un sujet. Lorsqu'il est réalisé par une entreprise, on parle de thèse CIFRE (convention industrielle de formation par la recherche).

Info salaire

Les données salaires utilisées dans cette publication proviennent de différentes sources. Elles concernent le plus souvent le salaire des débutants. Selon les cas, les salaires sont exprimés en brut (avant prélèvement des cotisations sociales) ou en net (somme que le salarié touche à la fin du mois). Pour aider au repérage :

⊘ Salaire équivalent au Smic (salaire minimum) : 1480 € brut mensuels en 2017.

⊘⊘ Salaire de niveau intermédiaire pour le secteur.

⊘⊘⊘ Parmi les hauts niveaux de salaire du secteur.

Donneur d'ordres: entreprise qui commande à une autre des pièces de l'avion ou des équipements. On l'appelle aussi parfois maître d'œuvre. Les avionneurs sont les principaux donneurs d'ordres du secteur aéronautique.

Équipementier: entreprise qui fournit au constructeur un équipement, comme le système de freinage, le train d'atterrissage, des câbles, le système électronique.

Fuselage: corps d'un avion auquel sont fixées les ailes.

Gamme de fabrication: liste des étapes nécessaires à la réalisation d'une production avec des précisions sur le poste de travail, les opérations à effectuer, l'outillage et les matériaux bruts, le contrôle.

Générateur: dispositif permettant de produire de l'énergie électrique.

Habilitations : pour exercer certaines professions, des habilitations sont requises (par exemple pour intervenir en hauteur ou sur des installations électriques). Elles s'obtiennent à la suite d'une formation et doivent en générale être renouvelées (par exemple tous les 3 ans).

Hydraulique: qui met en jeu un liquide sous pression. Le système hydraulique va, par exemple, transmettre la puissance mécanique nécessaire pour mouvoir les commandes de vol ou le train d'atterrissage.

Intérim: travail temporaire destiné à remplacer exceptionnellement un employé indisponible ou à faire face à une surcharge de travail.

Motoriste: producteur de systèmes propulsifs (moteurs d'avion, d'hélicoptère, de véhicules spatiaux, réacteurs pour missiles).

PME: pour petite ou moyenne entreprise; entreprise employant moins de 250 salariés et réalisant un chiffre d'affaires annuel ne dépassant pas 50 millions d'euros.

Propulsion: ensemble des systèmes qui permettent aux engins aérospatiaux d'avancer dans les airs. Parmi eux, les moteurs qui équipent les avions, les hélicoptères et les fusées.

Prototype: premier exemplaire d'un produit qui permet d'effectuer des tests et de valider les choix de la conception en vue de la construction en série.

RNCP: Répertoire national des certifications professionnelles. Renseigne sur le niveau de qualification atteint à l'issue d'une formation. Ce niveau ne correspond pas forcément au nombre d'années d'études suivies.

Salle blanche: pièce où l'air est filtré, et les paramètres de température, d'humidité et de pression, rigoureusement contrôlés. On y assemble les équipements aéronautiques sans risque de contamination par des poussières.

Smic: salaire minimum légal qu'un salarié doit percevoir. Fixé à 1480 € brut par mois en 2017.

Sous-traitant: entreprise qui effectue un travail commandé par une autre, par exemple la conception ou la maintenance d'un produit, d'une installation...

Supply chain: depuis une dizaine d'années, la logistique est conçue comme une chaîne globale coordonnant tous les flux de l'entreprise (achats et approvisionnements, gestion des stocks, administration des stocks...).

Systèmes embarqués: matériels et logiciels informatiques ou électroniques installés dans les avions pour effectuer des tâches précises: planification et commandes de vol, système d'affichage, aide à la navigation.

Tutorat: aide personnalisée et cours de mise à niveau (méthodologie, connaissances...) proposés par des professeurs ou des étudiants plus avancés.

Tuyère: large tuyau d'admission ou de refoulement des gaz (dans une machine ou un réacteur).

Usinage: ensemble des opérations effectuées à partir de machines-outils pour façonner un produit en enlevant de la matière petit à petit.

SIGLES DES FORMATIONS

3EA : (licence) électronique, énergie électrique et automatique

BTS : brevet de technicien supérieur

CAP : certificat d'aptitude professionnelle

CQPM : certificat paritaire de la branche métallurgie

DUT : diplôme universitaire de technologie

EDPI : (bac pro) étude et définition de produits industriels

MC : mention complémentaire

MEI : (bac pro) maintenance des équipements industriels

MELEC : (bac pro) métiers de l'électricité et de ses environnements connectés

SN : (bac pro) systèmes numériques

STI2D : (bac) sciences et technologies de l'industrie et du développement durable

STL : (bac) sciences et technologies de laboratoire

STMG : (bac) sciences et technologies du management et de la gestion

INDEX

A

B

C

D

onisep • Office national d'information sur les enseignements et les professions • Ministère de l'Éducation nationale • Ministère de l'Enseignement supérieur, de la Recherche et de l'Innovation • Publication de l'Onisep : © Onisep juin 2017 • Directeur de la publication : Michel Quéré • Directrice adjointe de la publication : Marie-Claude Gusto • ÉDITIONS CROSS-MÉDIA > Cheffe de département : Sandrine Marcillaud-Authier • Adjointe : Stéphanie Desmond-Simon • Rédaction en chef : Claire Lanaspre • Rédaction : Fériel Boudjelal, Luce Margonty, Élodie Thivard • Secrétariat de rédaction : Julien Retaillaud • Correction : Valérie Doineau • Administratrice technique éditoriale : Saliha Hamzic • RESSOURCES DOCUMENTAIRES > Chef de département : Gilles Foubert • Documentation : Hervé Tabarly • Ingénierie documentaire : Alexa Lecherbonnier • FABRICATION > Cheffe de service : Marie-Christine Jugeau • Photogravure : Key Graphic (Paris) • Imprimeur : Jouve, sur papier certifié PEFC • STUDIO > Chef de service et direction artistique : Bruno Delobelle • Maquette et mise en pages : Isabelle Sénéchal • Iconographie : Christelle Michelet • Reportage photo : Grégoire Maisonneuve • Couverture : Cyril Lauret • PROMOTION, COMMERCIALISATION ET DIFFUSION > Onisep VPC - 12, mail Barthélemy-Thimonnier, CS 10450 Lognes, 77437 Marne-la-Vallée Cedex 2 • Internet : onisep.fr/lalibrairie • Relations clients : service_clients@onisep.fr • Diffusion-distribution Belin : 273011328 • Code de diffusion Onisep : 901328 • ISSN : code collection : 1765-9329 • ISBN papier : 978-2-273-01328-4 • ISBN numérique : 978-2-273-01338-3 • PUBLICITÉ > Mistral Média - 42, avenue Kléber, 75016 Paris • Tél. : 01 40 02 92 60 • Contacts : Directeur général : Luc Lehéricy (luc.lehericy@mistralmedia.fr) • Directeur commercial : Vivian Favro (vivian.favro@mistralmedia.fr) • Plan de classement Onisep : STI 1550 00 • Le kiosque : Industries • Dépôt légal : juin 2017 • Reproduction, même partielle, interdite sans accord préalable de l'Onisep.

PEFC